U0945058

在你彷徨的时候总有人在前行

张天怡 著
Zhang TianYi

中国华侨出版社

图书在版编目（CIP）数据

在你彷徨的时候，总有人在前行 / 张天怡著. -- 北京 : 中国华侨出版社, 2016.2
ISBN 978-7-5113-5972-8

Ⅰ. ①在… Ⅱ. ①张… Ⅲ. ①成功心理一青年读物 Ⅳ. ①B848.4-49

中国版本图书馆CIP数据核字(2016)第032002号

• 在你彷徨的时候，总有人在前行

著　　者 / 张天怡
选题策划 / 花　火
责任编辑 / 子　子
责任校对 / 孙　丽
装帧设计 / 润和佳艺
经　　销 / 新华书店
开　　本 / 880毫米×1230毫米　1/32　印张 / 8.5　字数 / 220千字
印　　刷 / 北京毅峰迅捷印刷有限公司
版　　次 / 2016年7月第1版　2016年7月第1次印刷
书　　号 / ISBN 978-7-5113-5972-8
定　　价 / 35.00元

中国华侨出版社　北京市朝阳区静安里26号通成达大厦3层　邮　编：100028
法律顾问：陈鹰律师事务所
编辑部：（010）64443056　传真：（010）64439708
发行部：（010）64443051
网　址：www.oveaschin.com
E-mail：oveaschin@sina.com

序言

近来，许多人都在谈论梦想。有梦想是非常好的一件事，但仅仅只有梦想是不够的，你还要行动起来，去实现梦想。成功之路是走出来的，不是想出来的。想得再好，没有行动就没有意义。

为什么我要劝告大家去行动呢？因为没有行动，总是梦想，过一段时间，人就会变得迷惘与彷徨。这是我的经验。

在我们的人生中，艰难并不可怕，其实最可怕的就是迷惘与彷徨。你可以想象一下，一个人有很伟大的梦想，却因为没有行动，结果不知所措，然后，志气和锐气便会慢慢地被消磨干净。

所以，我认为，真正阻碍我们获得美好人生的，不是困难，不是挫折，而是没有行动。因为没有行动，便不知道自己的人生该往哪里去。

有的人说："你说错了吧？应该先有方向，然后再行动，这样才不会瞎忙。"这个道理讲得不错，但在实际生活中，却不是这样的。你如果不去做，那么就永远都不会找到正确方向的。

这本书没有空讲逻辑，空讲大道理，所提到的成功故事均来自于生活实践，所以非常具有启发性。

如果你是一个心怀梦想、想要有所成就的人，可以看一看这本书，或许可以从中得到一些启示，帮你擦亮眼睛，看见前进的方向。

在你迷惘的时候，总有人在努力；在你彷徨的时候，总有人在前行；在你放弃的时候，总有人在坚持……不要光喊着要努力，不要只是嘴上谈梦想。

当你不知所措的时候，低下头来，认真去做事，你会发现，成功之路就在你的脚下延伸开来。

如果你不愿意先行动，就一定要先找到方向，再开始行动。我的建议是这样的：你就把梦想当成方向吧，朝着梦想，然后行动。

无论什么时代，成功都属于那些积极行动的人。要想成功，你必须行动起来，从实际出发，而不是去雾里看花、水中望月。

尤其在彷徨而不知所措时，不要把梦想演绎成幻想。这时，你最需要做的就是从你手头上的一点一滴踏踏实实地做起。

成功的关键在于行动。记住，想太多，没用。要做起来，要行动起来！

张天怡

2015年12月1日

目录

第一章 点亮指引人生的灯塔

第二章 别让犹豫主宰你的内心

第三章 你在想的事总有人在做

第四章 成功的机遇就在当下

第五章 敢于直面人生的跌宕起伏

第六章 逆“取”顺“守”才是强者

第七章 要想不被抛弃，就要不停努力

第一章
点亮指引人生的灯塔

梦想是我们生命里的一盏明灯，它能为我们的人生之路指引方向。所以当你感到茫然而不知所措时，千万不要把梦想演绎成空想或是幻想。

跨上梦想的马背方能自由驰骋

有这样一个故事：

曾有一位年轻的画家，他有个理想，那就是成为一个了不起的漫画画家。而事实上，他除了自己的这个理想，真可谓一无所有。他当时身无分文、处境堪忧，但就是凭借着自己的这份理想，他选择了毅然离家远行去追求自己的梦想。

起初，他到一家杂志社去应聘，因为他觉得杂志上的漫画版块，会让他有用武之地。但当那家杂志社的主编看了他的作品后，却认为他的画太缺乏新意了，根本上不得台面。后来，由于生活所迫，他不得不先在教堂作画，可那里的报酬很低。即便这样，他始终没有放弃自己的梦想。

后来，他花很少的钱，租用一家废弃的车库。一天晚上，他疲倦地躺在简陋的床上，借着昏黄的灯光，他看见一只小老鼠闪着一对亮晶晶的小眼睛对着他张望。当他想再仔细地看看它时，它却像影子一样溜了。一会儿小老鼠又一次出现了，当它发现那人没有伤害它的意图时，它的胆子也渐渐大了起来。此后，那只小老鼠就经常出现在他面前，还不时地在地板上杂耍似的做多种运动，而他就给它一点面包屑吃。渐渐地，他们互相信任，彼此慢慢地建立了友谊。

有一天晚上，他的灵感在暗夜里闪出一道光芒，他想：我何不以这只小老鼠为原型进行创作。于是，他迅速画出了一只小老鼠的轮廓。又经过不断地观察和修改，然后，一个成熟的老鼠形象终于诞生了，它就是现在最伟大的卡通形象之一——米老鼠。那个年轻的画家的名字叫沃尔特·迪士尼，后来他开创的迪士尼乐园风靡全世界。

从小到大，我们每个人都对自己的将来有一份期待，并渴望成为梦想中的自己。每当我们谈及梦想的时候，也总会充满激情与自信，并洋溢着幸福与快乐。确实，有梦想的人是最幸福的。马云也说过：“一个人最富有的时候是有梦想，有梦想是最开心的。”

梦想的力量超乎我们每个人的想象，它不仅能为我们的人生提供源源不断的正能量，赋予我们前进的无穷动力；梦想还是一盏明灯，它能为我们未来的人生引路，还能点燃我们人生的希望。著名主持人奥普拉·温费瑞说过：“一个人可以非常清贫、困顿、低微，但是不可以没有梦想。只要梦想一天，只要梦想存在一天，就可以改变自己的处境。”所以，不管一个人有着什么样的过往那都不重要，重要的是他能否把握住现在，并知道自己的将来想要获得什么。如果一个人没有梦想，那他的存在，就如同行尸走肉般没有意义；他的生活也就如同断线的风筝，漫无目的，飘忽不定。

在梦想的驱使下，很多人都做出了非凡的成就。如莱特兄弟制造了飞机——圆了飞天梦；诺贝尔发明了炸药，减轻了挖掘工人们的繁重劳动；茅以升立志造出全世界最坚固的桥梁，不让桥断人亡的悲剧重演；……若非如此，将很难成就大事。

一百多年以前，一个普通家庭里的两兄弟收到了父亲送给他们的一个礼物。这个礼物长得怪模怪样，但最让他们感到吃惊的是，这个怪怪的东西竟能在空中飞翔。兄弟俩对此充满了好奇，因为在他们的印象中只有像鸟、蜜蜂等才会飞翔，兄弟俩从来不敢相信，人工制造的东西，也可以在空中飞翔。从此，在两兄弟幼小的心灵里，萌发了一个梦想——制造出一种能载着人们在空中翱翔的东西。这个愿望也一直激励着他们。

两兄弟长大以后，他们就正式开始研究飞行器。可在当时，兄弟俩的研究计划并没有得到社会各界的认可，因为几乎所有人都不相信“人能够在天上飞”，因此他们的研究没有得到任何人的资助。但是他们从不怀疑自己的梦想，于是决定一边工作挣钱，一边展开研究。几年过去了，经过反复研究和改进，兄弟俩终于成功研制了滑翔机。但他们的终极梦想是制造一种不用风力就能飞行的机器，所以他们继续研究。过了几年的时间，经过他们的不懈努力，他们终于研制出了人类历史上的第一架飞机。这两兄弟就是美国大名鼎鼎的莱特兄弟。

莱特兄弟正是基于对梦想的坚持与执着，才让他们在人类的飞行史上谱写了光辉的篇章。有梦想的人，就算历尽生活的艰辛，他最终也会体味到生活的美好。再来看一个故事：

美国著名宇航员阿姆斯特朗小的时候很调皮，但他有一个梦想，就是想到月球上看看。有一次，小阿姆斯特朗在泥水中忘情地蹦跳玩耍，他身上的衣服已经被飞溅的泥巴弄得不成样子了。当妈妈问他在做什么时，他兴奋地说：“妈妈，我要跳到月球上去，我想知道那上面到底是什么样子的。”看着满身泥污的小阿姆斯特朗，妈妈并没有生气，反而和气地对他说：“去吧，但你别忘了从月球上下来回家吃晚饭！”后来邻居们也都知道了这件事。有一天，小阿姆斯特朗和小伙伴们一起玩球，当他去一个邻居家窗下捡球时，听见里面有个女人大声嚷嚷道：“休想让我嫁给你！除非邻居家的小孩登上月球！”显然，这个女人认为“登上月球”是一个荒谬的想法。

谁也没想到，很多年后这个小孩子真的登上了月球。当他返回地球接受采访时，他说的第一句话就是：“妈妈，我从月球上回来了！我想回家吃饭！”后来，他还说了一句让很多人都感到费解的话：“戈斯基，祝你好运！”其实那个戈斯基就是当时女邻居口中的男人。

阿姆斯特朗的母亲无疑是伟大的。我们设想一下，如果当时她看到满身泥泞的小阿姆斯特朗便严厉责骂，并对他“跳到月球”的梦想予以否定的话，很可能就没有日后登上月球的阿姆斯特朗了。

可见，父母的一句话对儿童的梦想可能产生不可低估的影响。小阿姆斯特朗是幸福的，因为他有一个睿智的妈妈，他的梦想得到了她的尊重，并最终得以实现。然而在现实生活中，很多孩子却没有阿姆斯特朗那么走运，因为很多孩子儿时的梦想都被父母无情地扼杀了。因为在这些父母的眼中，小孩子还不是一个独立的个体，所以在这些父母看来，孩子们还没有选择和决定的权利，他们的那些“不切实际的梦想”也完全没有意义。也正因为此，这些父母都为自己的孩子构建了一个他们认为的最完美的梦想。虽然这些父母的初衷都是善意的，但这却在无形中自私地把孩子当成了实现自己梦想的工具。殊不知，孩子们的梦想是他们健康、快乐成长的源泉，有梦想的孩子才能飞得更高！因此，只要孩子的成长不偏离人生轨道，父母要尽量尊重孩子们的选择。

在现实的生活中，我们大多数人只是普普通通的人，不可能人人都像居里夫人、爱因斯坦那样伟大，也不可能像他们一样用造福人类的伟大梦想来谱写生命的辉煌和永恒。可是我们一样要有属于自己的那份梦想，哪怕只是一个普通不过，甚至在旁人看来有些微不足道的梦想，只要我们肯为它去挥洒汗水，我们依然可以无怨无悔。就算那个梦想最终没有实现，但那份执着与艰辛的经历同样弥足珍贵。人的一生，我们只有跨上梦想的马背才能自由驰骋，而我们的生命也会因为梦想而永远闪光。

给彷徨的人生装个“导航”

人的一生中总会遇到很多令自己烦恼的事，诸如没房、没车、没钱等，但是这些烦恼都是看得见的烦恼，通过自己的努力都可以解决，唯独有一种烦恼最让人头疼，甚至可用恐惧来描述，那就是当一个人总没有理想，一直找不到人生方向的时候。这种烦恼会让我们陷入迷茫与彷徨。一个人在彷徨的时候，总会不停地逼问自己：“我应该做什么？”“我能做什么？”“我的出路到底在哪里？”这时候我们的思维就如同一团乱麻，思考的轨迹与方向也飘忽不定。当我们始终无法理顺自己的思绪时，就会陷入一种没完没了的痛苦之中，甚至会让自己产生抑郁，对生活感到绝望。对此，很多人都深有体会。

当彷徨的时候，我们就急需一个引导人生的“GPS

（导航仪）”。因为，有人生方向的人，才能体会到生活的乐趣。其实，彷徨是一种成长意识的觉醒，每个人的成长，都必然经历彷徨之苦。如此说来，彷徨便是人生赐予我们的契机，只要我们抓住这个绝佳机会，就会让自己更加成熟。所以，面对彷徨，我们要做的是直面它、战胜它，还要感激它，要知道比起那些从来没有彷徨、没有思考过人生的人，我们是在成长，在进步。

哲学大师黑格尔说过：“存在即合理。”可见，生活中的任何事情都有它发生的道理，既然无法避免，那我们就只能勇往直前地去解决它，而解决问题的关键又在于你如何去看待和面对它。因此，在我们彷徨的时候，千万不要对复杂思考所带来的痛苦感到恐惧，更不要选择逃避而把这种痛苦变相延长。因为拒绝彷徨，就等于把自己与真实割裂，还会把自身拖进更深层次的痛苦。在这个时候，我们一定要抱着无所畏惧的态度，用积极的心态去面对问题。尽管我们有着千百般的不愿意，但是我们必须坚信自己的能力，坚信经过自己的努力会把这种彷徨和困惑转化为人生的财富。由此可见积极心态的重要性，或许这就是你穿越迷茫的关键。

一个拥有积极心态的人，不仅心理状态乐观，而且态度也很积极。积极的心态是一个人成功的起点，它能激发你的潜能，让你自然而然超越他人。以积极的态度去生活的人，即使在“大雾茫茫”，找不准人生方向的时候，仍能对学习和工作充满热情，并保持对生活的热爱。我们应该明白，迷茫并不意味着青春蹉跎，它是一次有意义的自我探索，是一个自我升华的过程。当你学会用积极的人生态度去穿越灵魂的痛苦，在迷雾中拾回内心的安定和满足时，生命自会引领你走向属于自己的使命和幸福。

有个社会学家曾做过这样一个实验：他在一个当地的大学里，选取了一些成绩优秀的新生作为研究对象。经过采访，他发现这些学生，都有一个很大的共同点，那就是他们都对学习和生活充满激情。他一一记录下了这些学生对生活的积极态度，并留下了他们的联系方式。

五年之后，这些学生都陆续步入了社会。这位社会学家通过各种途径又找到了那些曾经采访过的学生。当他对这些大学生进行回访时，却发现了一个让他十分吃惊的现象：五年前那些想法积极的大学生中，只有少数人依然是精英，很多人都只拿到很低的薪水，甚至还有些人至今没有找到工作。

这一结果，让这位社会学家很困惑：难道积极的心态会起到反作用？经过反复研究，他终于找到了问题的根源：在他采访的这些大学生中，很多人是借着优异成绩的幌子，只是在表面表现出来的“假积极”，事实上在他们的心底里却不相信自己可以毫无畏惧地面对生活。这种“消极”的态度，根本不会获得积极情绪的鞭

策，也注定他们不可能获得成功。而只有那些以真正积极的态度去面对生活的人，才会在社会的大潮中顺风顺水、一往无前。

如此一来，我们一定要警惕彷徨背后的负面思想和消极态度。因为在负面思想的影响下，我们会把真实的存在刻画得恐怖异常，于是我们便一心想抛开现实，并妄图以有限的现在来把握无限的未来。更糟糕的是，当我们被禁锢在这种思想幻觉的枷锁中时，我们往往浑然不知，甚至一生都会挣扎在恐惧和焦虑的泥潭中无法自拔。人在负面情绪的影响下，也很容易产生抱怨，如“为什么别人就有称心的工作？”“为什么我总不如别人？”“为什么我这么努力，还一贫如洗？”……这些羡慕嫉妒总让我们反思着自己的生存状态，给自己造成混乱，使自己不得安宁。这时的你已经不是简单的找不到方向了，而是衍生了严重的消极态度，稍不留神就会腐蚀人生，虚度光阴。

还有些人意识到了自己的负面情绪，但是他们自作聪明地把这些负面情绪压在心底。他们以为这样就可以瞒天过海，殊不知，总有一天它们会突然爆发。当所有的负面情绪涌出你的内心时，又会把那些未解决的问题带回到最初始的阶段。当积压在一起的问题同时爆发时，对他们的心灵来说绝对是一个毁灭性的打击，那时他们就会觉得生活是如此的黯淡无光，并对生活充满抱怨。在此之后，他们就会下意识地把自己封闭在一个狭小的空间内，因为这个空间以外的所有事物对他们来说都是危险的，他们害怕那些事物会再次伤害到他们已经非常脆弱的心灵，久而久之，他们将被永远囚禁，再也找不到人生的方向。有这样一个故事：

在一个生产汽车的车间里，一些员工会在私下里抱怨自己的工作太单调，抱怨这样的薪水无法改变生活。因为车间主任每天也在工作的第一现场，对手下员工的抱怨也很理解，甚至有些感同身受，所以他并没有及时出面制止。时间长了，这些抱怨自然而然就传到了领导的耳朵里。

这天集团领导穿着工作服，来车间视察工作。因为他穿着工服，所以除了车间主任谁也没认出来。车间主任刚要上前欢迎，却被他挥手制止了。他趁员工们坐在一起休息的时候，问了大家一个问题："终日在这个小车间里重复着这种单调的工作，你们会感到厌烦和迷茫吗？"很多员工都仿佛遇到了知己，大家七嘴八舌地说："当然了，每天都不知道自己在干些什么。""就这点工资怎么养家?""怎么不迷茫？可辞职又不知道自己能干些什么？"……这时这位领导发现车间里还有一个员工没有休息，而是在反复地检查着一辆即将出厂的汽车。这位领导走过去问了他同样的一个问题，这个员工指着眼前即将出厂的汽车说："厌烦？我没觉得，我只知道刹车系统的重要性！我也知道我所背负的责任有多重！如果经过我手造出的汽车出了刹车方面的问题，那我会后悔一辈子！所以我一定要让它成为一件完美的工艺品。”领导听后没说什么就走了。可以看出，在这些员工中，只有后者的心态是积极的。

后来，在集团进行的大调整中，第一个抱怨的工人被辞退了，原来的车间主任被降为副职，而最后被领导提问的工人则被破格提升为车间主任。

可见积极的心态总能让你乐观地面对现实，还会在不经意间自然而然地改变你的人生。人之所以迷茫彷徨，乍一看好像就是不能明确自己眼下的目标，其实你仔细想来还会发现：原来我们想要的一切都是靠一点一滴的积累得来的。所以，只要我们不断前行，哪怕每天积累一小步的路程，你也会到达你最终想要到达的地方。

迷茫彷徨是人生的常态，就连我们对自己的认识，也是一个抽丝剥茧的过程。这就如同在大雾中前行一般，我们能看清的只有脚下的路，既然如此，那我们就索性从眼前开始，哪怕经历一些失败，走过一些弯路，但是一切都会渐渐明朗。千万不要心存幻想，因为你想要的，上天永远不会赐予你，所有的一切都要靠自我寻找。人生的“导航”就在你的身上，关键是看你如何使用。

深入内心，探知正确的人生方向

当我们正确认识了彷徨之后，为了更快地穿越这个“茫区”，我们需要找到捷径，即尽快找到正确的人生方向。其实一个人真正的人生方向，就取决于他心中的价值观。在正确价值观的指导下，人就会有方向感；有了方向感，生命才会变得简单而快乐。

但是每个人的价值观不同，不同的时代背景也会左右一个人价值观的取向。因此，在寻找自身价值观的过程中，我们先要立足于现实，让我们的目标不至于成为“空中楼阁”，只有立足于实际，目标才会看起来更明确、更有目的性。所以在我们的成长过程中，空谈崇高的理想和信念是不切实际的，我们必须在认清实际的前提下树立理想和信念。我们应该在一个时代的大环境下，根据现实

来确定我们的追求，确定自己的理想。

很多人小的时候都被父母灌输一个人生目标：你应该有一个远大的理想，长大后要像某某大人物一样。其实，面对这个强加的理想，很多孩子会感到困惑，因为他们更为关心眼前现实的东西，如想拥有某个玩具，或者想考更高的分数，以便以此为条件获得一些利益或去游乐场玩，等等。再比如说一个喜欢旅游的人，他的理想就是要周游世界；一个没找到媳妇的人，他的理想不过是想娶个好媳妇，过上好日子。我们的人生目标也会随着自己的成长和人生的不同阶段发生变化的，而一些远大的人生目标也是在经过无数次的自我反省后，才会逐渐清晰。

就拿职业规划来说，也要从现实出发，先做好眼前的工作最为切实。很多人都会把自己的工作想得太理想化了。由于现实和理想的落差太大，导致他们在工作了一段时间后，发觉自己越来越不适合，甚至很厌恶当前的职业。于是他们选择了跳槽，可无论跳多少次槽，发现结果还是一样。其实，这些人就算从事自己喜欢的工作，也会有不开心的日子，这一点几乎无法避免。究其原因，正是他们存在认识上的盲区，以及消极的人生观在兴风作浪。有这样一个故事：

有一天，河边来了一个年轻人，他呆呆地望着河面，表情茫然。这时，一位老者撑着船来到了他面前，问他要不要过河，他没说话只是慢慢地登上了渡船。老人问他去哪个码头，他也只是淡淡地说：“随便吧。”老人说：“小伙子，你是不是有什么心事，能否跟老头子我说说？”年轻人抬头看了老者一眼说：“我很彷徨，不知道自己人生的方向到底在哪里？”那位老者微笑对他说：“小伙子，我年轻的时候也有过和你一样的经历，我知道碰到这种情况该怎么做。你替我划一下船，我慢慢讲给你听。”说着便起身让开。那个年轻人没有拒绝，随手抓过一支船桨，他发现那支船桨上刻着醒目的“理想”二字，但他并没有过多在意，便开始试着划船，可那只船只是原地打转并不能前行。这时那位老者说：“试着两只桨一起划。”他又抓过另一根刻着醒目的“工作”二字的船桨，两只船桨一起划了起来，这时小船便开始向前推进了。虽然老者再没说什么，但这个年轻人已经恍然大悟。

其实人生就如同划船，当你彷徨的时候，先做好眼前的工作。我们切不可心存某些不切实际的幻想，如很容易找到一个既简单又能改写命运的人生目标；承蒙上天的眷顾，派遣一位使者给自己指引道路，从此飞黄腾达；等等。但现实是残酷的，职业的探索也不可能一帆风顺，先别说你的白日梦不可能实现，就是你现在努力的方向很也有可能不是你最终要去的方向。事实上，也很少有人最终的人生目标与他出发时拟定的一致，即便是那些红得发紫的成功人士，也不可能生来就知道自己以后要干什么。可见，每个人所热爱的东西大多不是先天的，当你把自己的工作当成事业来做，你才会对其产生深厚的感情。

所以有时我们要拿出“置之死地而后生”的态度，让自己没有选择余地的同时，义无反顾地付出。也许经过自己孜孜不倦的努力，你就会爱上眼前的行业，并愿为之奋斗终生。就算你最终发现这真的不是你所追求的，但是毕竟你奋斗过，并为此收获了成功的经验与信心，也可无怨无悔。正如乔布斯所说：“追随我心，并不是指我心里的目标或信念是不变的，而是说我不断在问自己的内心我要的是什么，并努力追寻它。”那些阅历尚浅的人，之所以迷失自己，是因为他们还不懂得：没有付出，就无法体会在付出的过程中所衍生出的热爱。

法国名著《小王子》中有个故事：小王子的星球上忽然绽放了一朵娇艳的玫瑰花。以前，这个星球上只有一些无名的小花，小王子从来没有见过这么美丽的花，他爱上了这朵玫瑰，细心地呵护它。那一段日子，他以为，这是一朵唯一的花，只有他的星球上才有，其他的地方都不存在。然而，等他来到地球上，发现仅仅一个花园里就有5000朵完全一样的这种花朵。这时，他才知道，他有的只是一朵普通的花。一开始，这个发现，让小王子非常伤心。但最后，小王子明白，尽管世界上有无数朵玫瑰花，但他星球上的那朵，仍然是独一无二的，因为那朵玫瑰花，他浇灌过，给它罩过花罩，用屏风保护过它，除过它身上的毛虫，还倾听过它的怨艾和自诩，聆听过它的沉默……一句话，他驯服了它，它也驯服了他，它是他独一无二的玫瑰。面对着5000朵玫瑰花，小王子说：“你们很美，但你们是空虚的，没有人能为你们去死。”“正因为你为你的玫瑰花费了时间，这才使你的玫瑰花变得如此重要。”

所以，我们不要动不动就把自己的雄心壮志摆上桌面，与其抓破头皮为自己的自欺欺人去开脱，倒不如做好手头的工作，并努力将其做到极致。当你有了一技之长之后，不管你接触什么行业，这都将是你最大的资本。俗语云：“做好自己喜欢的事，是本能；做好不喜欢的事，那才是本事。”某资深导师也曾说：“不要彷徨了，你所做的工作就是最适合你的工作！”

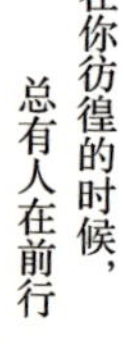

扬长避短，发掘核心竞争力

有这样一个故事：

一个男子背着一个孩子，他们俩有说有笑地走在一条繁华的大街上。这时，一个小男孩跑到他们面前说道："叔叔，你的孩子为什么不自己下来走路呢？你看我都是自己走路，从来不让妈妈背的。"那个男子并没有马上答话，反而是他背上的那个孩子轻声地说道："累了吧，我们也歇歇吧，你前面两米处就有一个长椅。"等他们坐下来之后，那个小男孩又接着问："小哥哥，你为什么不自己走路呢？"这时那个男子摘掉墨镜说："孩子，小哥哥的腿不能像你一样正常走路。而我是个盲人，我背着小哥哥就能代替他的双腿，而他也能充当我的眼睛，明白了吗？"那个小男孩想了一下，点点头，然后便蹦蹦跳跳地离开了。

这两个残疾人正是因为懂得取长补短，所以他们的生活才能过得简单快乐，而不至于黯淡无光。在现实生活中，人无完人，每个人或多或少总会在某方面存在一定的缺陷，而我们也应该学会扬长避短，发挥自己的长处。其实每个人都有长处，都有属于自己的舞台，然而人一生中最怕的就是选错了舞台，而误认为自己是一个一无是处的人。

著名管理学家德鲁克博士曾在1999年的《哈佛商业评论》中发表观点：对于一个集体，需要克服的是“短板定理”；而对于个人，发挥自己的长处，比努力去补齐短板更为重要。

美国著名的“优势理论之父”、盖洛普公司已故的前董事长唐纳德·克利夫顿博士也认为：“在成功心理学看来，判断一个人是不是成功，最主要的是看他能否以最大限度来发挥自己的优势。每个人都有天生的优势，教育的优势就在于发现优势，并发挥优势。当人们把精力和时间用于弥补缺点时，就会无暇顾及发挥自己的优势。令人可惜的是，任何人的缺点总要比才干多得多，而且许多缺陷是后天难以弥补的。”

讲个大家都耳熟能详的典故——田忌赛马。

齐国使者到大梁来，孙膑以刑徒的身份秘密拜见，用言辞打动了齐国使者。齐国使者觉得此人不同凡响，就偷偷地用车把他载回了齐国。齐国将军田忌非常赏识他，并且待如上宾。

田忌经常与齐国诸公子赛马，设重金赌注。孙膑发现他们的马脚力都差不多，可分为上、中、下三等。于是孙膑对田忌说：“您只管下大赌注，我能让您取胜。”田忌相信并答应了他，与齐王和诸公子用千金来赌注。比赛即将开始，孙膑说：“现在用您的下等马对付他们的上等马，拿您的上等马对付他们的中等马，拿您的中等马对付他们的下等马。”三场比赛完后，田忌一场输而两场胜，最终赢得齐王的千金赌注。于是田忌把孙膑推荐给齐威王。齐威王向他请教兵法后，就请他担任老师。

孙膑正是看到了不同马匹的长处，再辅以正确的策略，简单地进行以长击短的顺序调整，便能获得完全不同的结局。历史上的很多伟人都善于扬长避短，这也成就了他们辉煌的一生。林肯就是其中的一位。

林肯的相貌总成为他人攻击他的话题。在一次竞选总统辩论中，道格拉斯指责林肯是个两面派，有两张面孔。林肯却说：“如果我有两张面孔，我还会情愿戴这一副吗？”他的勇于自嘲，立刻赢得了掌声。他发表竞选演说时还说过：“有人写信问我有多少财产，我有一个妻子和三个儿子，都是无价之宝。此外，我还租一了间办公室，室内有桌子一张，椅子三把，墙角有大书架一个。架上的书，每一本都值得细读。我本人既穷又瘦，脸很长，我实在没有什么可依靠的，唯一可以依靠的就是你们。”正是凭借这种扬长避短的才能，林肯成功当选为美国总统。

他的这种扬长避短的才能，在美国南北战争中也发挥了重要作用。在战争初始阶段，林肯曾先后任用了四位将领，但是这几位近乎“无缺点”的将领皆被南军打败。后来，林肯改变了自己的一贯想法，也不顾及众人的反对，任命格兰特为总司令。林肯知道，尽管格兰特嗜酒如命，但他超凡的军事才能才是最为可贵的。事实证明，林肯的扬长避短和知人善用也让格兰特充分发挥了自己的长处。在格兰特的统帅下，南军很快土崩瓦解，内战得到平息。

生活中，很多老师在教育自己的学生时，都会在不经意间给自己的学生们灌输一些自己的思想，这些思想渗透着老师们对世界的看法和自身经历，也往往会把学生们的思想导入一个思维定式。在这个思维定式的影响下，很多学生不仅放弃了通过自己的主观意识去认识现实社会，相反还要硬把自己“代入公式”，并以此来给自己做出评判。在这种情况下，这些学生便无法充分发挥自己的长处及潜能，甚至找不到适合自己的位置和方向。还有一些老师们的评判，也能改变一个学生的一生，如胡适慧眼识得罗家伦便是最好的例证。

新文化运动时期，北京大学曾在上海组织了一场自主录取考试，罗家伦知道后便去参加考试。考试结束后，罗家伦的国文得了满分，但是他其他各科的成绩均不突出，甚至数学还考了零分。

当时，刚刚从美国回来的胡适先生也参与了阅卷工作，他恰好负责国文阅卷。罗家伦的国文考卷正是他评阅的。胡适很看好罗家伦，尽管在他得知罗家伦的其他科目成绩不理想之后，还主张破格录取。幸运的是，当时主持招生会议的校长蔡元培也支持胡适的建议，最后，罗家伦被招到了北大，成了胡适的学生。

后来的事实说明，蔡元培和胡适当时的决定是正确的。罗家伦在北大讲究学术自由的风气中，很快脱颖而出。他与同学办《新潮》，倡导文学革命，并积极参加爱国游行，还起草了《五四宣言》，成为五四运动的骨干。

1928年，罗家伦被任命为清华大学首位校长。在他当清华大学校长的时候，钱锺书也被他破格录取。据说钱锺书当时英文考了满分，国文接近满分，但数学只考了15分。

如果没有胡适这个“伯乐”，罗家伦也许会有不同的人生命运。后来罗家伦也做起了“伯乐”，并成就了一代文学大师钱锺书。

所以，我们的教育理念，一定要注重发掘孩子们的长处和潜能，说不定不久的将来，正是某个孩子的长处会造福全人类。

每个人都有自己的特长，只要你正确地定位自己，就算你的长项并不那么出众，但只要你善于利用，就能形成制胜的优势。抗战时期的八路军，没有先进的武器，也没有庞大的军队，但他们依赖正确的战略战术，一样可以战场扬威。可见，人生成功法则就是：面对对手，以长击短；面对自身，扬长避短。

切忌好高骛远，做真实的自己

有这样一个故事：

某知名企业招聘员工，经过层层考核最终只剩下四个人。最后他们来到几位公司领导的办公室，进行最终的考核。简单的询问之后，其中有一个领导问了一个问题："你们都很优秀，但你们只能留下三个人，所以最后再问你们一个简单的问题。几位在这里待了半天了，请告诉我你们在这间屋子里都看见什么了？"说完，他用手示意从左到右轮流回答。

第一个年轻人说："这里有四个面试者，你们五位老总，还有桌子、烟灰缸和果盘等。"说完领导们都笑了，第一个年轻人心里开始打鼓。第二个年轻人接着说："这里有一把扫帚太显眼，放在这里不太适合，我建议将它拿走或放在隐蔽的角落。"领导们纷纷点头。第三个年轻人接着说："在场的人当中，只有我穿着休闲装，而且每个人的衣服颜色都不同，可见，我们每个人都在追求标新立异，都想与别人不同。”领导交头接耳，面带笑容。这时第四个年轻突然站起来，指着几位领导说：“我只看见了你们所坐的位置，我也要尽快坐到你们的位置上。”几个领导不禁鼓起掌来。后来，前三个年轻人都成了这家公司的骨干，有人还荣升为副总；而第四个年轻人因为好高骛远，仍然在为了谋求更高的职位而四处奔波。

在现实生活中，我们每个人都应该有自己的理想，甚至还要树立远大的理想。拿破仑曾经说过：“一个不想当将军的士兵不是一个好士兵。”但理想不能好高骛远，更不能超越现实。一只有理想的乌龟，它的理想可以是成为全世界爬得最快的乌龟；一个有理想的兔子，它的理想可以是成为全世界跑得最快的兔子。这些理想都合情合理。但是，如果乌龟的理想是爬起来比兔子还快，那便是痴心妄想了，因为这脱离了现实。

不管什么样的理想，要实现它都要经过脚踏实地的努力。很多杰出的人物，如汉高祖刘邦、史学家司马迁、音乐家贝多芬等，他们都拥有脚踏实地的共性，在付出了异常的艰辛之后，才获得了成功。拿汉高祖刘邦来说：秦国灭亡之后，历史进入“楚汉之争”的篇章。

刘邦、项羽各持一军，双方都想独霸江山。项羽自恃武力盖世，骄奢自大，打心底看不起刘邦。他从未脚踏实地地去练兵，养精蓄锐，也不懂得安抚民心，还对人民厚敛赋税，从而大失民心。而刘邦却是另一番做法：脚踏实地地做好每一件事，对下竭诚尽心，于民宽刑薄税，于己苛求至善。最终，垓下一战让一代霸王项羽彻底失败，落得个乌江自刎的悲惨下场。得胜后的刘邦则成了大汉的开国皇帝。正是由于刘邦的脚踏实地，他才赢得了“楚汉之争”的胜利，也在中国历史上写下了辉煌的一笔。

所以我们不要只看到这些伟人头上的光环，而不去解读他们背后的辛酸。冰心曾说过：“成功的花儿，人们只惊羡你现时的明艳，当初的芽儿，却浸满了奋斗的泪泉，洒遍牺牲的血雨。”

当今社会，好高骛远者不在少数。这些人面对别人的劝说，往往不屑一顾，还抛出“燕雀安知鸿鹄之志”的大话。事实证明，这些人终将一事无成。因为好高骛远使他们的眼光空茫、不切实际，更不愿从小处着手，到头来还是在原地打转；好高骛远还使他们放弃了许多现成的成功机会，不愿也不屑做艰难而漫长的原始积累。殊不知，没有量的积累，又哪来质的飞跃？

这种心态，在不少刚刚走出校门的大学生身上普遍存在，他们自恃“学富五车”，目空一切，尤其是有了一点小成绩后，更是沾沾自喜，以为自己天下第一。可是渐渐地他们就会发现，几年过去了，自己想得到的却始终没有得到，于是内心便产生了极大的痛苦和不甘。有这样一个故事：

有一位年轻人，他对生活的不满和内心的不平衡一直折磨着他。一次，这个年轻人出海时，碰到一个捕了几十年鱼的老渔民。年轻人发现这个渔民好像并不在乎自己能捕多少鱼，老人家那副从容不迫的样子让这个年轻人很好奇。年轻人问他："老人家，您每天要捕多少鱼？"他说："孩子，捕多少鱼并不是最重要的，关键是只要不是空手回去就可以了。年轻时我要养家糊口，不能不想着多捕一点，现在孩子大了，我和老伴只要能过活就好，也不奢望能捕多少了。"年轻人若有所思地看着远处的海，突然想听听老人对海的看法，于是他说："海是够伟大的了，滋养了那么多的生灵。"老人说："那么你知道为什么海那么伟大吗？"年轻人不敢贸然接话茬。老人接着说："海能装那么多水，关键是因为它位置最低。"

正是老人把位置放得很低，所以能够从容不迫，懂得知足常乐。所以，我们应该摆正自己的位置，把自己的位置放得低一些，也许会有意想不到的收获。古罗马大哲学家西刘斯曾说过："想要达到最高处，必须从最低处开始。"

也许有人会说："不见得吧，社会上有很多高调做人的成功人士，有些甚至孤傲到眼中无人，但是你不能就此否定这些人的成功吧？”其实你所看到的只是一个表面，殊不知，这些人在高调之前一定付出了无数的努力，经历过无数的艰辛。

我们在谈及人生理想时，总喜欢给自己树立一个心目中的偶像，但最好不要选择那些特别成功的公众人物。有远大的志向固然好，但世界上只有一个比尔·盖茨、一个李嘉诚、一个马云……不可能人人都有他们那样伟大的成就。正确评估自己，选择一个切实的竞争对手，最起码不会打击你的自信心。

我们在欲望的诱惑下，也会高估自己，从而把自己的理想定得过高，甚至失去理智。虽然每个人生下来就有欲望，但是我们要学会克制欲望。因为人的欲望是永无止境的，一个人得到的东西越多，他想得到的就越多，然而任何事情都有两面性，你得到的越多，失去的就会越多；反之，人的欲望越小，就越活得超然洒脱、平和豁达。下面这个故事便说明了欲望的诱惑力：

国内某化工集团准备高薪聘请一个罐车司机。由于行业的特殊性和所送货物的危险性，应聘条件非常严格。经过层层筛选和考试之后，只剩下三名应聘者，他们的综合条件都比较优秀，负责筛选的考官一时间很难做出取舍。无奈之下，这个考官就领着这三个人来到了部门领导的办公室。这个部门领导问了这三位面试者一个别出心裁的问题：“假如悬崖边有块金子，且足以让你成为百万富翁，当你开着车去拿时，你觉得把车停在距离悬崖最近而又不至于掉落的距离是多少呢？”大家面面相觑，就连那个考官也是一头雾水，不明白什么意思。经过短暂的思考之后，第一位应聘者拍着胸脯说：“一米，我敢保证！”话音刚落，第二位应聘者眼里放着光说：“半米，绝对没事！”这时大家都把目光投向第三位应聘者的身上，“我会尽量远离悬崖，太危险了！”第三位应聘者说，结果他被这家公司录取了。

总之，不管做人也好，做事也罢，一定要脚踏实地，不要好高骛远。古语有云：“不积跬步，无以至千里，不积小流，无以成江海。”面对现实，谁都不可能一口吃成一个大胖子，只有踏踏实实做事，从眼前的一点一滴做起，不畏艰险，才能实现远大的梦想。

做回唐僧，生来只为西天取经

每个人都希望自己能拥有一个辉煌绚丽的人生。因此，为了规划和点缀自己的人生，很多人给自己制订了一系列伟大的计划。他们认为就算某个计划无法实施，还可以进行下一计划。殊不知，抱着这种心态的人，当他们有一天终于醒悟，回过头看自己所走过的人生之路时，就会发现竟没有一件值得回忆和津津乐道的事。这也注定他们的人生必定是一个失败的人生。有这样一个有趣的故事：

曾经有很多未能被选为战马的“驽马”，它们被迫在大街上以给人驮东西和拉车为生。其中有一匹白马，它始终不甘于这种境地，它一直想做一件轰轰烈烈的大事。一个偶然的机会，这匹白马听说有一个打算去西天取经的和尚，要选一匹能吃苦的马作为他的坐骑，于是它打算去应征。其他的同伴都劝说它不要去，因为西天不仅路途遥远，而且一路上豺狼虎豹众多，说不定哪天就会丧命。但是这匹白马还是义无反顾地去应征了，结果它真的被选上了。

就这样，它跟着那个和尚开始了漫漫征程。一晃就是十几年的时间过去了，它跟那个和尚不知经历多少次磨难，才返回了故乡。回来后，那个和尚成了举世闻名的法师，而它也成了马中的英雄。

有一天它走在大街上，看到了自己的那几个同伴驮着一些东西走过，于是便叫住了它们。十几年没见，它们诉说着这十几年的经历。白马向同伴们讲述了自己的冒险经历，如火焰山、流沙河等，同伴们听得目瞪口呆。最后那匹白马说它虽然上不了战场，但是它这一辈子只做这一件事也足矣了。听到这，那些同伴们都不禁潸然泪下，心想自己每天都要不停地运货，平均下来也不比去西天的路近，可得到的境遇却完全不一样。

可见，人这一生之中，能实现很多理想固然完美；但哪怕只做好了一件，那也不枉此生。当别人问起你最大的成就是什么时，你至少有一个成功和幸福的回忆，你可以坚定而自豪地告诉他“此生我没有白活”，哪怕在别人眼中这只是件不足称道的事。《钢铁是怎样炼成的》一书中也有这样一段十分经典的话，“一个人的一生应该这样度过的：当他回首往事的时候，他不会因为虚度年华而悔

恨，也不会因为碌碌无为而羞耻；这样，在临死的时候，他就能够说：‘我的整个生命和全部精力，都已经献给世界上最壮丽的事业——为人类的解放而斗争。’”

再伟大的理想若无法实现，也只是空谈；再小的事情，你只要将其做到极致，依然可以点亮你的人生。麦哲伦把一生都献给了环球航行；文学巨匠曹雪芹凝注一生的心血著成《红楼梦》；六小龄童为了塑造“孙悟空”的完美角色倾注全部精力……其实这些人的想法都很简单，那就是哪怕穷其一生也都要做好这件事。伟大的发明家爱迪生也说过：“每个人整天都在做事。其中大多数人每天要做很多事情，而我却只做一件事情。假如你们把这些时间用在一件事情、一个方向上，那么，你们同样会取得成功。”所以，我们不妨做回“唐僧”，一生只执着于“西天取经”。

有这样一个故事：在美国加州的一个消防站里，有一只灯泡在一百多年漫长的岁月里一直在工作，这期间熄灭的时间加起来还不到一星期。在一百多年前，是谁有这么神奇的技术，能使一只灯泡的光亮穿越了一个多世纪？说到这里，很多人都不约而同地想：这只神奇的灯泡的发明者，一定就是闻名遐迩的伟大发明家爱迪生。

有人通过查阅当时的相关资料发现，在电灯刚发明不久，美国的一家电气公司组织了一场电灯实验竞赛。当然电灯的发明者——爱迪生，自然也受邀参加，一同参加的还有很多当时很有名气的发明家。在比赛过程中，举办人将电压逐渐提高，结果所有发明家的得意之作，都一只只相继爆炸了，最后只剩下一只灯泡还亮着，也就是上面那只已经工作了一个世纪之久的灯泡。让在场的所有发明家出乎意料的是：这只灯泡的研制者，并不是当时名气最大的爱迪生，也不是其他有名气的发明家，而是当时并没有什么名气的发明家柴莱特。

那场电灯实验竞赛结束后，爱迪生出于对柴莱特的欣赏，邀请他一起参加碱性电池的研究。然面对大发明家的邀请，柴莱特却拒绝了这个好机会，他指着在比赛中获奖的那只灯泡说："我只适合研究它。"柴莱特也曾在自己的日记中写道："一生只亮一盏灯，守到群火熄灭，照样辉耀天空！"这就是为什么柴莱特研制的灯泡，能穿越历史的尘埃、光耀百年的秘诀和根源。

当决定做一件事时，就要抱定一种"咬定青山不放松"的坚守与执着；一旦锁定目标，那就百折不挠。美国通用汽车公司即便有了几万亿的资产，也不涉足其他行业；比尔·盖茨就算挣再多的钱，也只做软件。

在现实生活中，大多数人注定都是一个平凡的人，不可能人人都有蜚声世界的成就。不过没关系，就算我们没什么过人的长处，也没有较高的学历，但是我们能围绕一个行业、一件事，并穷其一生的精力去探索、研究，那我们一样可以成为一个佼佼者。俗话说："三百六十行，行行出状元。”擦皮鞋的人，也能成为一个“五星级”擦鞋匠；地摊小商贩，一样可以成为最优秀的商人……这些勤劳质朴的人，都有一个共同点，就是一生只做一件事，而且精益求精。

在日本东京，有一家名叫凯比特东急的四星级的酒店。很多国内外的明星大腕，只要来到东京都指定要下榻在凯比特东急酒店。其实在东京，这个凯比特东急酒店不是最大，也不是最奢华的酒店。这些对生活质量有着极高要求且近乎苛刻的明星们，都对这里情有独钟，原因主要是：享受一下这家酒店专属擦鞋匠——源太郎的“五星级服务”。

源太郎擦鞋方法很独特，而且经他匠心独运地一番擦拭，就能让那些早已失去光泽的旧皮鞋焕然一新、光可鉴人，而且光泽持久，可保持一周以上。凭借着炉火纯青和不同凡响的技术，以及一丝不苟的精神，源太郎赢得了众多顾客的青睐。他的老主顾不仅遍及全国，还有很多人来自中国香港、新加坡等地方。也正因为此，他的工作室里，堆满了发往各地的速寄纸箱。源太郎善于思考，凭着高深的职业素养，经过多年的观察和揣摩，他练就了一项“绝技”：当他与人擦肩而过时便能知道对方穿何种鞋，还能从某人鞋的磨损部位和程度，判断这个人的健康状况和生活习惯。

不过，源太郎曾是一名失业工人，主要靠打零工度日，日子过得很艰辛。后来，一个偶然的机会，他开始跟一个美国人学擦鞋。由于源太郎的领悟能力非常强，又肯花心思钻研，所以他学得很快，还琢磨出了独到的方法。也正是抱着精益求精的心态，从此之后，只要他听到哪儿有好的擦鞋匠，他就千方百计赶去请教，虚心学习。经过自己不断地潜心研究，源太郎的擦鞋技艺越来越好，他的知名度也越来越高，并最终成为一个蜚声世界的“五星级擦鞋匠”。也许很多人都看不起擦皮鞋这个行业，但是源太郎却心无旁骛地沉浸在这个普普通通的行业里，也正是凭借着自己十足的韧劲，通过不懈的坚持和精益求精的精神，把默默无闻变得轰轰烈烈。俗话说：“心在一艺，其艺必工；心在一职，其职必举。”行业没有贵贱之分，正如物质上的富足也不见得就是真正的幸福。有些人开着大奔依然唉声叹气；而有些人就算骑着自行车，依然哼着快乐的曲调。所以，无论是什么行业，只要能让你愉快，就值得奉献自己的全部，幸福也会随之而来。

总之，一个人一生哪怕只干一件事，只要脚踏实地、持之以恒，并坚持努力做好，那你就没有枉费生命价值。仔细算来，人的一生并不算长，精力也很有限，也许正当你踟蹰之际、放纵之时，便已到了迟暮之年，等到“老大徒伤悲”之时就一切都来不及了。所以，我们要珍惜自己的青春，早做打算。那些朝三暮四之人，就算他聪明绝顶，到头来也必将一事无成。

第二章
别让犹豫主宰你的内心

在我们的一生中，很多时候就是在和时间一起赛跑，一旦你做事犹犹豫豫、一拖再拖，就注定会失败，因为时间不能倒流，很多事情一旦错过就无法挽回。

何不把恐惧当成儿戏

生活中，当我们在面对一些不可预料的事情或是觉得凭借自己的能力无法完成的事情时，常会引发内心的恐惧。如当我们来到一个举目无亲的陌生城市谋求发展时；当我们求职的时候，担心自己的面试无法通过时；面对领导安排的任务，觉得自己无法完成时……就在这些时候，我们的恐惧感就会乘虚而入。其实，此时的恐惧都是我们自己事先臆想出来的，是恐惧失败的人生观在作祟，很多时候事实并非我们想象的那样，尤其是在我们动手去积极应对的时候。

既然很多恐惧都是我们自己“发明”的，那我们就一定能够战胜它们，而战胜它们的关键也显而易见——战胜自己。一些心理学家通过研究发现：当我们尝试去

面对自己“想象”的恐惧时，我们就会意识到那些恐惧根本是毫无依据的；不管遇到任何事情，只要我们尽最大的努力，并把自己的能力发挥到极致，那些让我们感到恐惧的因素就会越来越少。其实战胜自己、克服恐惧并不是什么难事，其关键也无外乎以下三点：

首先，要敢于面对恐惧。“恐惧无处不在”，这已经是一个既定的事实，因为它们总是在不经意间来到我们的身边。既然这些恐惧不可避免，我们就要调整心态，勇于面对。只有敢于直面恐惧，我们才能设法战胜它。乔布斯说：“我所发现的最能宽慰人心的一件事就是恐惧无处不在。”可见，恐惧并不可怕，无法面对恐惧才是最可怕的。

一个10岁的小男孩，在好奇心的驱使下，站在一处没有井盖的下水道口张望。为了弄清楚这个井到底有多深，于是他便更靠近了一些，也就在此时，他的脚下一滑整个人跌进了下水道。下水道内湍急的流水，瞬间就把小男孩卷走了，消失得无影无踪。

从小男孩的家人发现他不见，到意识到他可能掉进了下水道里，已经过去了整整一天的时间。大家都认为小男孩生还无望了，就连他的父母也几乎绝望了。不知疲倦的消防员们又经过几个小时的不间断排查、寻找，终于在离出事地近百米外的下水道内发现了那个小男孩。更让人惊喜的是，那个小男孩还活着！最先发现这个小孩的消防员说：“他当时紧紧地抓着墙壁上的一截钢筋，我用了很大的力气才把他的小手掰开。”小男孩在医院醒来后，一边哭一边对坐在病床旁边的父母说：“下水道里又黑又冷，我害怕得要死，可我知道这时没有人能够帮助我，我就死死地抓住一个东西不放，我知道爸爸妈妈肯定会想办法救我出去。”

这个小男孩正是选择了直面和对抗恐惧，才给自己争取了生还的机会。试想，如果这个小男孩被当时的恐惧所吞噬，那他的生命也必将就此终结。同样，在生活中，当你面对恐惧时如果选择了逃避，你还得费尽心机在其他人面前掩饰自己，恐惧，掩饰自己的虚伪、无能和懦弱。也许你根本不会想到，这其实是一种极其愚蠢、消极，甚至危险的举措，因为当你回避到再也无法回避恐惧的时候，这些恐惧就会把你彻底击垮，让你变得惶惶不可终日。

其次，要提升自己战胜恐惧的自信心。因为自信心是一个人力量的源泉，一个满怀信心的人无论何时何地都能实现自己的愿望，相反，自信心的缺乏必然会妨碍你的理想，阻碍你的成功。艾琳诺·罗斯福说：“恐惧是世上最摧折人心的一种情绪。我与它抗战，并借着帮助情况不如自己的人们，而克服了它。我相信，任何人只要去做他所恐惧的事，并持续地做下去，直到有获得成功的纪录做后盾，他便能克服恐惧。”所以我们在克服自己的恐惧心理时，首先要调整好自己的心态，并树立一些良好和积极的观念。

世界上著名的“球王”贝利，当他第一次进入万人瞩目的球场踢球之前，他害怕那些大牌球星会瞧不起自己，正是由于他对自己的怀疑和内心的那份恐惧，让他紧张得一夜未眠。直到上场前，他才设法调整自己的心态，并抱着用一种泰然自若的心态去踢球，最终铸就了绿茵场上的传奇。

其实，只要像贝利那样不怀疑自己，不贬低自己，并相信自己的能力，你就一定能战胜恐惧，走向成功。

最后，要想战胜自己，克服恐惧，那就勇敢地迈出第一步。事实上，当你迈出抗争恐惧的第一步时，你就已经成功了一半。爱默生说过：“做你怕做的事情，恐惧就肯定会消失。”所以你害怕做什么，那就努力让自己做什么，即便陷入了短暂困境，只要你继续行动，你最终会将其打败。用行动战胜恐惧，并没有我们想象中的那么难，这就如同一个十分内向的人害怕和别人交流一样。其实只要他肯开口跟第一个人说话，他就会想同更多的人说话。因为他会发现，原来和别人交流是这么简单和快乐的一件事情，如此一来，他就能从此改变他内向的性格。

艾森豪威尔是一位赫赫有名的五星级上将，可他小的时候却很怕鹅。小的时候，他的邻居家养了一只鹅。有一次他放学回家的时候，刚走到邻居家门口就看见那只大公鹅伸着长长的脖子向他走来。他慌忙中便用手里的书包去驱赶它。但这只鹅一点也没有惧怕的意思，反而更快地向他靠近，他吓坏了，丢掉了手里的书包，一边哭一边拼命地跑。还好，邻居家的男主人听到小艾森豪威尔的哭声，跑出来把那只鹅赶进了窝里。此后很长一段时间里，小艾森豪威尔每次经过邻居家的门口时，都先远远地观察一番，当确认那只鹅在窝里时，才一溜烟似的跑回家。

时间长了，小艾森豪威尔慢慢放松了警惕。有一次他又和那只大公鹅迎头相遇了，那只鹅立马伸长了脖子开始向他靠近。他知道自己已经无路可逃了，经过短暂的思想斗争之后，他决定鼓起勇气战胜这只可恶的公鹅。他瞥见地上刚好有根木棍，于是用颤抖的手捡了起来，然后他大吼一声，挥起木棍向那只公鹅冲了过去。那只公鹅见状掉头便跑，他紧追不舍，直到它狼狈地逃回了自己的小窝。由于惊吓过度，那只鹅躲在窝里“喔……喔……”地叫个不停。小艾森豪威尔像个凯旋的战士，昂首挺胸地向家里走去。从那以后，那只鹅只要一见小艾森豪威尔，就会远远地躲进窝里不敢出来。小艾森豪威尔的经历告诉我们，只要我们肯迈出战胜恐惧的第一步，进而放手去做，那我们就一定能消除我们的恐惧。

恐惧会让一个人变得犹豫，并最终选择放弃。试想一下，如果一个人本来可以做到的事情，却因为内心的恐惧而功亏一篑；原本只要肯坚持就能够取得胜利的事情，结果还是因为恐惧半路而废，等到他真的无能为力的时候，那将是一件多么遗憾的事情。所以我们应清醒地意识到自己需要做什么，并尽快行动起来，把所有的恐惧当成一场儿戏去轻松面对。

犹豫多疑的性格要不得

官渡之战，是中国历史上著名的以少胜多的战役之一。东汉末年，曹操军与袁绍军相持于官渡，在此展开战略决战。当时曹操几乎动用了所有的兵力，但相比于袁绍依然兵少粮少，经不起旷日持久的战争，只求速战；相反，袁绍却是兵广粮足，在手下谋士的建议下，准备拖垮曹操的军队。这样一来，曹操难免处于两难之地：一方面，自己的军队倾巢而出就不免后方空虚；另一方面，若袁绍坚守不战，时间一长兵粮耗尽，自己的军队必然不战自溃。可为了对抗强大的袁绍，曹操无奈之下，也只得孤注一掷。

当时袁绍军中有一个非常有远见的谋士许攸，他清楚当前的形势，于是便建议袁绍派少量精锐骑兵从侧后

方突袭曹操的大本营许昌。可袁绍却觉得派小股精锐深入敌后恐怕有所损失，一直犹豫不决，他再三苦劝，袁绍依然不为所动。许攸看出袁绍的本性，觉得他不能成大事，于是一怒之下投靠了曹操。来到曹营后，许攸建议曹操袭击袁绍的屯粮之所乌巢，以逼迫袁绍与他决战。听了许攸的建议曹操没有迟疑，于是设计焚烧了袁绍的粮草。如此一来，袁绍的军心一下子涣散了，并在之后的决战中尽损主力，从此一蹶不振。

众所周知，曹操才是三国时期最多疑的人物。如他曾因为怕别人在睡梦中暗杀自己，便策划了“睡梦杀人”的闹剧；神医华佗“开颅取涎”的方法，也被他误认为是谋杀的手段；还有那根弃之可惜，食之无味的“鸡肋”，最能说明曹操多疑的品性。但是在“官渡之战”中，他的处境却不允许他迟疑。其实曹操之所以生性多疑，是因为他生于乱世，在那种残酷的社会背景下，他的多疑也不全是一件坏事。

生活在当下的我们，却要不得这种犹豫多疑的性格，很多时候我们甚至没有时间去考虑很多。因优柔寡断而导致的失败和惨剧有很多，如项羽的优柔寡断，让他断送了本该属于自己的天下；一个警察的犹豫不定，致使人质的生命安全受到威胁；一个司机犹豫着要不要抢在红灯之前通过马路时，他已经被后面的车追尾；等等。俗话说“当断不断，反受其乱”“举棋不定，不胜棋耦”无论做什么事都不能瞻前顾后、想东想西，因为那将是阻碍我们成功的大敌。很多时候，就是因为我们没能及时把握眼前的机会，也就在那一犹豫之间，成功的机会便会离我们远去。

2002年的世界杯由韩国和日本共同举办。在世界杯即将打响的前一周，位于韩国仁川的一家汽车销售公司声称："如果韩国队能够杀入四强，那么自现在起到世界杯开始之前的这段时间里，凡在本店购买汽车的顾客将退还半数的款项。"为了证明消息的可靠性，这家公司还请了几家银行作为担保。听到这个消息后，很多市民特别是那些忠实球迷都出手开始预订汽车。要知道，汽车可是高档消费品，就算一辆汽车的一半价钱那也不是一个小数目。但是，看着源源不断的订单，这家公司的老板的脸上却洋溢着笑容，难道他就那么肯定没有奇迹的发生？如果韩国队真的杀进四强，那这笔数目惊人的退款可是很难负担得起的，说不定到那时他就会倾家荡产。

世界杯打响了，随着赛事的推进，韩国队真的奇迹般地闯入了四强。第二天一大早，很多人就开始堵在了这家公司的大门口，等待退款。店里的职员们都为他们的老板捏着一把汗。不久，这个老板开着车来到了公司门口，看着黑压压的人群，他拿着话筒大声地喊道："大家放心，我马上就让财务安排退款事宜。"原来老板早做了安排。在发布消息之前，他先去保险公司投了专项保险，因为保险公司也不相信韩国能够杀入世界杯四强。如此说来，如果韩国没有进入四强，那他无疑将大赚一把；如果韩国进入了四强，那这些退款也将由保险公司承担。

这是一个十分精明的老板，因为他懂得抓住机会并利用机会，所以他获得了成功。因此，当我们面对身边的机遇时，只要我们认为是对的事情，就不要优柔寡断，应马上付诸行动，哪怕这是一个草率的决定，我们也没有就此放过成功的机会而抱憾终生。当然在我们决定做某件事时还有两个前提：这件事必须在法律保护的范畴内；对于比较复杂的事情，不要草率决定，要从各方面来加以权衡和考虑，可一旦决定，就绝不能更改。

许多伟大事业的成功者都属于敢想敢做的果断之人，正因为他们果敢行动，才让他们创造出了属于自己的奇迹。如东汉的班固凭借着自己的果断，完成了出使西域的伟大壮举；比尔·盖茨果断地从哈佛退学投身电脑事业，并最终创立微软公司；等等。相反，那些自认为智力超群、才华横溢的人，只因为自己的瞻前顾后，却始终寂寂无闻、一无所获。

东汉年间，班超奉命作为汉朝使节出使西域。这天，他们一行人来到一个叫鄯善的西域小国。班超手持汉朝的节杖面见鄯善国王，商讨联合抵抗匈奴之事。鄯善国王知道汉朝是一个泱泱大国，国力强盛，所以他也不敢怠慢，便让班超一行人先在驿馆住下，以便等待自己和臣民商议后的决定。

一开始，鄯善国王待他们十分热情，而且礼遇有加。可是没过多久，班超便察觉鄯善国王对他们越来越冷淡了，不但常找借口避而不见，还绝口不提联合抗击匈奴之事了。经过私下里的探查，班超终于明白了：原来匈奴人也派来了使者，他们要求鄯善不要插手汉、匈之间的争斗。由于鄯善距离匈奴更近，迫于匈奴的威势，他们便不得不疏远了班超一行人。

班超马上意识到了事态的严重性。他知道如果不采取些行动，不但出使的任务完不成，他们这一行人的性命恐怕也难保了。于是，他当即召集大家说："如果匈奴的使者说服了鄯善国王，那我们可就成了鄯善与匈奴结盟的牺牲品了，我们自身难保是小事，可朝廷交给我们的使命就完不成了。"正在大家面露犹豫神色之时，班超猛地拍了一下桌子，果断地说："不入虎穴，焉得虎子！我们只有消灭这伙匈奴人，才能扭转乾坤！"当夜，班超就带人冲进匈奴人的营帐，趁他们没有防备，把那些匈奴人全部杀死了。当班超提着匈奴使者的头去指责鄯善国王的犹豫不决时，又吃惊又害怕的鄯善国王终于下决心和汉朝签订了同盟协议。

班超正是凭借着自己的果断，才不辱使命，完成了出使西域的伟大使命。

现实生活中，举棋不定、犹豫不决的人比比皆是。他们遇事总要去找别人商量，而且商量之后还是犹豫不定，这种不相信自己决断的人，也注定不会为他人所信赖。一个人若总是优柔寡断，最后只会两手空空，成不了大事。所以，我们有必要把自己锻炼成一个果断的人，哪怕是逼自己养成一种果断决定的性格也未尝不可。也许一开始我们会做出一些错误的决策，但由此我们也将会获得自信和果断的品质，而你所得到的东西将足以弥补你的某些错误决策，长此以往，我们就能逐渐养成坚决果断的习惯。

总之，我们要充分认识到：犹豫不决、当断不断是阻碍我们成功的大忌，面对抉择，我们要及时果断地做出选择。说简单点这就如同挑选商品，如果是“美玉”就好好珍惜把握，如果是“鸡肋”就趁早扔掉。时代不同了，我们可不能做个多疑的“曹操”。

别被懒惰埋葬

有这样一个故事：

很久以前，在北方有一个小岛，那里住着一对靠捕鱼为生的老夫妻，他们过着几乎与世隔绝的生活。一年秋天，有一群天鹅来到岛上，它们从很遥远的北方飞来，准备飞去南方过冬，只是碰巧路过这里暂时休息一下。老夫妇见到这群天外来客，非常高兴，因为他们在这儿住了那么多年，几乎没有任何访客。渔翁夫妇为了表达他们的喜悦之情，拿出喂鸡的饲料和捕来的小鱼招待天鹅，于是这群天鹅逐渐就与这对老夫妇熟悉起来。在岛上，它们不仅大摇大摆地走来走去，而且在老渔翁捕鱼时，它们还随船而行，嬉戏左右。如此一段时间之后，这群天鹅竟然没有继续南飞，它们白天在湖上觅

食，晚上在小岛上栖息。眼看天气越来越冷了，湖面封冻，它们无法继续获得食物，老夫妇便敞开自己的茅屋让它们进去取暖，并且给它们喂食，这种关怀与照顾一直延续到春天来临，湖面解冻。这群天鹅索性就选择在这里定居了，如此年复一年。每年冬天，这对老夫妇都同样不厌其烦地照顾着这群天鹅。终于有一天，老渔翁离开了人世，没过多久他的妻子也随他而去了。也就在同一年的冬天，那群天鹅也消失了，不过它们不是飞向南方，而是在第二年湖面封冻时全部冻饿而死。

一个人活在世间若没有进取心，他们的处境就会像故事中的天鹅一样，虽然表面上生活无忧，舒适悠闲，但在不远的未来将承受巨大的生存危机，就像孟子所说的“生于忧患，死于安乐”。古人视贪图安逸比毒酒更害人，因为它会吞噬人们的意志。有这样一个故事：

从前，一个人养了一条狗和一只猫。每天主人出去工作时，那条狗就自动负责起家里的警卫工作。它总是这里走走，那里转转，但凡周围有一点点的风吹草动，它都会一边叫一边飞奔过去看个究竟。它是一个恪尽职守的忠诚卫士，兢兢业业地为主人家做着看家护院的工作。再来看那只猫，等到主人出门后，它就开始找个阳光充足的地方睡懒觉，那呼噜打得别提有多响了。

当主人下班后，那条狗因为忙了一天，总会筋疲力尽地趴在角落里休息。那只猫却因为睡了一天的懒觉而精神饱满，为了讨主人欢心，它总是装模作样地做出要抓老鼠的举动。这样一来，主人就慢慢地讨厌起那条“懒狗”，而越来越喜欢那只“勤快”的猫。于是猫和狗的待遇就不同了，主人总是把最好的东西给猫吃，猫变得越来越胖，而狗却经常因为吃不饱而饿肚子。

但是令人奇怪的是：长久以来他的家里从来没有丢过什么东西，反而家里的老鼠越来越多了。这天他出门时因为忘了带东西，不得不再次折返家中。当他正准备推开大门时，听到自家的狗马上开始狂吠，他还能感觉到那只狗正在向大门冲过来。他很好奇，自己的这只“懒狗”什么时候开始变得这么勤快了。于是他没有进门，而是躲在暗处偷偷地观察着它的一举一动。结果他发现，自始至终那只狗都在不停地巡视着家里的每个角落，而那只猫却一直在太阳底下睡大觉。

就这样一连观察了几天，他发现自己错怪了狗，反而被猫蒙蔽了双眼。几天后他把那只猫赶出了家门，而那只狗却得到了比那只猫之前更好的待遇。

如此可见，我们最好与懒惰保持距离，如果你选择了懒惰，那你的人生也将注定失败。当一个人被惰性所支配时，他就会变得没有激情，做事一拖再拖，还会找各种借口来消磨时间，这些人往往只说不做并心存幻想，可是，天上永远不会掉“馅饼”，即便出现奇迹，那也轮不到懒惰之人。有这样一个故事：

很久以前，有一个懒得出奇的人。一开始他还会干点活，慢慢地什么活也不干了。不过就是这样一个一无是处的人，却有一个贤惠的妻子。他的妻子也拿他没办法，不过慢慢地竟也习惯了。可时间一长，这个懒人竟然变本加厉，开始赖在床上，过起了衣来伸手、饭来张口的生活，他甚至都懒得说话。

一次，这个贤惠的妻子打算回娘家办点事。但是她担心自己走了以后，丈夫会饿死在家里。她苦思冥想，终于想到了一个好办法：在她走之前，他烙了很大的一张饼，大到足够她的丈夫吃一个星期，她还特意把这个饼的中间掏了一个洞，刚好可以套在一个人的脖子上。于是临行前，她就把这个饼套在了丈夫的脖子上，并嘱咐他自己要回娘家几天，如果饿了就低头吃脖子上的饼。

这个贤惠的妻子回到了娘家，开始抓紧时间办事。一晃一个星期的时间过去了，她该办的事也已经办完了，她就开始担心家里的丈夫到底怎么样了。于是她告别了母亲，开始往家里赶。一路上她不停地赶路，好不容易回到了家里，她却发现自己的丈夫还是饿死了，原因是他只吃了他脖子正下方的饼。原来这个懒人真的是懒到了极限，竟然宁愿饿死，也懒得转一下脖子。

在生活中，一个人一旦贪图安逸，就不会想着去改变现状，就算有改变人生的好机会也会迟疑怕事，并最终被懒惰征服。惰性其实很容易克服，只要我们下决心克制，并采取必要的措施，就能战胜惰性。也许懒惰的只不过是你自己的一个念头，只要你能够把这个念头打消，那么懒惰也就会从你的身上逃走了；也许你有些懒惰，只要你不把懒惰当成享受，不认为懒惰是一种优越，并拒绝懒惰，那么它也会离你而去；或许你的懒惰只不过是因为缺乏人生目标，那就可以给自己制定一个目标，然后分解开来慢慢实现，在这个过程中，你也会变得勤奋起来，并获得前进的动力。可见，要想赶走懒惰还要从自我改造开始，你的许多实践，你的许多行动，都会在你的勤劳中获得回报。富兰克林说过："懒惰像生锈一样，比操劳更能消耗身体；而经常用的钥匙，总是亮闪闪的。"

总之，生活中任何成绩的取得，无一不是在勤奋中实现，在安逸中荒废的。古人云"业精于勤，荒于嬉"，如果我们不善学习，就不可能拥有知识和能力；不去工作，就不可能拥有财富和乐趣；不去交流，就不可能得到朋友和友情；不去前行，就只能原地踏步……我们若以懒惰为舒适安逸，不思进取，停滞不前，那么，必将自酿苦果，以失败而告终。所以我们要及时埋葬懒惰，而不要反被它吞噬。

摒弃自己的消极情绪

一个人的心态积极与否，会影响他面对人生的态度。一个积极的人面对自己的梦想，无论遇到多大的困难，他都能坦然面对，并最终战胜它。因为他们相信，只要有积极进取的精神，就会向自己所认准的方向发展。正如海伦·凯勒所说："面对阳光，你就会看不到阴影。"

古往今来，很多成功人士都是凭借着自己的乐观精神，才战胜了环境的艰辛、肢体的残疾等困难，最终取得了成功，如司马迁在《报任安书》上所述：文王拘而演《周易》；仲尼厄而作《春秋》；屈原放逐，乃赋《离骚》；左丘失明，厥有《国语》；孙子膑脚，《兵法》修列；不韦迁蜀，世传《吕览》；韩非囚秦，《说难》《孤愤》……这些人都获得了成功，是因为他们都知道，既定的现实不会因为自己而改变，那就只能调整心态去乐观地面对，于是这些不幸和磨难，在他们面前就根本构不成阻碍了。就拿孙膑的故事来说：

相传孙膑和庞涓师从鬼谷子学习兵法。学成之后，俩人便急切地想着施展自身的才华。后来庞涓在魏国当了大将军，由于嫉妒孙膑的才华，便把他骗到魏国加以迫害。庞涓以为挖掉了孙膑的膝盖骨，让他不能走路便会彻底摧毁他的意志。但是孙膑并不像庞涓想的那样不堪一击，他并没有消沉，而是积极地面对现实，他始终没有放弃自己的理想。后来他辗转到了齐国之后，凭借着自己的才华成了齐国军师。在齐魏争霸的战争中，孙膑一举打败了庞涓所率的魏军，帮助齐王成就了霸业。此后，孙膑还著成了《孙膑兵法》，自己优秀的军事思想也得以流传后世。

孙膑积极地面对现实，让他最终在人类历史上写下了辉煌的一笔。可见，积极的人生态度，会让人变得自信，不再懒惰，也不再犹豫，还会激励人们去奋斗、拼搏和追求属于自己的梦想。

面对生活，积极的人总是会不断地去探索，不断地去发现的。他们总是不甘于满足现状，并试图让自己的人生更加完美，以达到自己所想要追求的目标。当积极的人遇到实现梦想的机会时，也自然会毫不迟疑地第一时间抓住它，并为己所用，正如一颗钻石，永远都会抓住闪光的瞬间。可见，积极的人更容易获得成功。有这样两位伟大的作家，他们之所以能取得这样的成就，很大程度上还得益于他们乐观的心态。

法国享誉世界的大作家亚历山大·仲马一生中发表过上百部作品。他经常趴在书桌上，不知疲倦地一连工作十几个小时。为此，他的一些好朋友就问他："你长年累月地苦写，就算你的身体吃得消，但你在精神上不为此感觉乏味吗？"大仲马笑着回答说："我从来没有觉得自己辛苦呀！我白天和作品中的人物交流，晚上又经常和你们一起聊天，我觉得这样的日子再充实不过了。"大仲马把写作当成了乐趣，所以自然而然感觉不到辛苦。

巴尔扎克是法国著名的现实批判主义作家，他是举世公认的观察和剖析人性的高手。他曾自诩："拿破仑的剑做不到的事情，我的笔却能完成。"巴尔扎克年轻的时候，也梦想着能成为百万富翁，于是便开始尝试着经商，但最终以失败告终，还欠下了数万法郎的债务。在那段入不敷出的日子里，他并没有因此而消沉，而是抱着乐观的心态，开始积极地投入创作中来。有一天晚上，巴尔扎克正在睡觉，突然一些近在耳边的响动声惊醒了他。他微微地睁开双眼，借着月光发觉有个小偷正在翻他的抽屉。这时他突然从床上坐起来，然后开始哈哈大笑。这一举动把那个小偷吓了一大跳，那个小偷回过神来并没有逃走，反而好奇地问道："你笑什么？"巴尔扎克说："你都不知道，我在白天翻遍了整个屋子，可连一块钱都没有找到，你说你在晚上又能找到什么呢？是不是很好笑？"小偷觉得有些自讨没趣，于是转身便往外走。这时巴尔扎克一边重新躺下，一边说道："麻烦你走的时候把门关好。"小偷无奈地说："你穷成这个样子，关门有什么用啊？"巴尔扎克却说："你误会了，这门可不是用来防盗的，而是用来挡风的。"

其实，无论我们做什么事情，只要我们积极乐观地去对待，把那件事当成一种享受，而不是在行动之前就被自己幻想出的各种许多负面的结论所左右，那我们就会轻松做事；反之，你越想着艰难就越艰难。可见，用积极乐观的心态对待自己的事业，你会感到成功其实很容易。

与积极心态相对的，就是消极的人生态度。消极的人生态度不光会让我们变得懒惰、拖沓、得过且过，一遇到挫折就放弃，甚至还会怀疑自己的未来，进而对生活充满失望和憎恨。当你用消极的情绪去看待一件事情，看到的也都是不如意的地方；当你用消极的情绪去看待失败，你看到的永远都会是失败。这时的你就如同戴着一副"墨镜"看世界，即便阳光灿烂也会被蒙上一层阴影。所以，若让消极的心态占据你的内心，那你将永远沉沦下去，更谈不上任何成功。

我们的内心里似乎总是倾向于消极的一面，要积极乐观很难，但悲观消极却容易得多。这是因为我们总是夸大或扭曲事实，有些事情并不像我们想象中那么糟糕，但我们却总会让盲目充当理性，即便结果并不像我们所想的那样。其实当我们产生消极的情绪时，很多时候只要我们平复一下情绪，仔细思考一番，我们就会发现所有的一切都没有什么大不了。

然而在现实生活中，很多人就是因为消极并夸大现实的不公，从而让他们对生活极度不满，并变得消极厌世，进而走上了犯罪的道路。有这样一个故事：

曾经有一个家庭是这样组建起来的：一个寡妇带着一个孩子，嫁给了一个离了婚也带着一个孩子的男人。太多的坎坷，深深地影响着这个家庭的每一个成员。终于有一天，这个女人因病去世了。从此以后，这个男人就开始染上了酗酒的恶习，而且每次酩酊大醉之后，都会打骂这两个无辜的孩子。几年之后，这个男人在一场车祸中断送了性命，就剩下两个十几岁的孩子相依为命。后来哥哥离开了家里，独自到大城市去闯荡；而弟弟则坚持要把学业完成，哪怕边打工边读书。此后，弟弟始终没有哥哥的消息了。

多年之后，弟弟通过自己的努力成了一家上市公司的副总。在一个偶然的机会中，在一个刑满释放的人员口中，听到了他哥哥的名字。于是他来到了那座监狱，并找到正在坐牢的哥哥。俩人相见，哭成一团。因为弟弟是企业界的名人，备受关注，当记者问他是什么动力促使他成就了今天的辉煌时，他回答道："面对当时的环境，我别无选择。"当记者采访牢里的哥哥时，也问了同样的问题，令人奇怪的是，哥哥的回答同样是："面对当时的环境，我别无选择。"

其实，造成这对兄弟不同命运的原因就是：他们抱着不同的心态。在残缺不全的家庭背景下，弟弟始终抱着乐观的心态，他相信只要努力就一定能改变生活；而哥哥则自甘堕落，他觉得既然生活如此残忍，那索性就报复社会。故事中的哥哥用失败的人生告诫我们，消极情绪对一个人的负面影响是多么的可怕。

我们又该如何摆脱消极情绪呢？这就要先从根源上找到消极的原因，再对症下药。如有些人是因为人生目标不明确，找不到生活的意义，从而产生消极的情绪，对此我们就要树立一个梦想；有些人是因为害怕失败，对自己没有一点信心，从而产生消极的情绪，那我们就设法找回自己的勇气与自信；有些人是因为自身缺陷、家庭背景等原因，担心被社会排挤，进而产生消极情绪，那我们就要设法让自己看到生活的希望；等等。看来，我们时刻都要对自己充满自信，对生活充满希望，并热爱生活，才能摒弃我们消极的情绪。

总之，我们要摒弃消极的情绪，不要让它成为我们人生路上的负担。我们只有及时卸掉这个包袱，轻装上阵，才能洒脱地应对生活，奔向成功。

宁可怀疑自己，也不要怀疑梦想

小的时候我们每个人都有自己的梦想，都会大胆地说出自己长大后想要去做什么。可是随着我们自己慢慢长大，我们便开始怀疑那些曾经的梦想，然后在现实和时间的双重压力下，那些梦想就开始渐渐被磨灭、吞噬。而我们也开始变得务实、斤斤计较了，甚至只看重眼前的利益。本来怀着美好的梦想，并有机会去为自己的梦想而奋斗，却最终成为一个随波逐流的人，那将是一件十分可悲的事情。

面对梦想，为什么有些人实现了，而有些人却没有实现？就因为那些没实现梦想的人，很可能对自己的梦想产生了怀疑。要知道，如果你抛弃了你的梦想，你的梦想也会无情地抛弃你！由此可见，如果你的

梦想没能实现，原因肯定在你自己身上，就因为你的信念开始动摇，你开始变得犹豫不定，于是开始怀疑和放弃自己的梦想。

很多人正是因为始终没有怀疑过自己的梦想，才最终取得了成功。比如伟大的天文学家哥白尼始终坚信我们生活在一个更为广阔的空间内，并最终将人类的视野扩展到了广袤的宇宙空间；乔布斯敢在苹果负债累累的情况下接任CEO，就是因为他相信自己，也相信自己的梦想；马云在几乎撑不下去的时候，也始终坚信互联网电商能改变未来；等等。有这样一个故事：

从前，在丹麦有个穷孩子，有一次他获得了一次晋见王子的机会。他知道这次机会很难得，更主要的是他希望能通过这次难得的机会来实现自己的理想。于是他开始精心准备，并充满了期待。在王子的宫殿里，他自信满满地为王子朗诵了一首诗剧。表演结束后，王子很高兴，并问他想要什么赏赐。于是这个穷孩子大胆地说出了自己的理想："我想写童话剧，并在皇家剧院演戏。"王子上下打量着这个其貌不扬的穷孩子，然后认真地说："背剧本与写剧本可是两码事，我认为你最好还是去学一门有用的手艺。"

这个贫困的男孩并没有因此而放弃自己的理想。也就在这一年，他辞别了母亲和继父，来到了哥本哈根，继续追寻着自己的理想。他始终坚信，只要凭借着自己的努力，就一定能够实现自己的理想。在这个陌生的城市里，他经历了无数流浪街头的日子，贫穷也让他的身体饱受饥饿的折磨。后来，一个偶然的机会使他进入了西博尼的歌唱学校，并最终走上了创作之路。最终，他发表的童话故事被译成多种文字，吸引了全世界儿童的目光，他也就此开启了属于他的时代。这个穷孩子，就是享誉全世界的儿童文学家安徒生。

安徒生从来没有怀疑过自己的梦想，才最终实现了自己的梦想。在人类精神财富的传递中百折不挠，取得成功的例子随处可见，但半途而废的实例也不在少数。

在山西有一个姓张的农民，他知道山西是个煤炭大省，地下蕴藏着丰富的煤矿。于是他开始产生了一个梦想：只要自己在某处不停地往深处挖，说不定也会有意想不到的收获。

于是，有一天他准备好工具之后，在离自己家不远的地方开始往深处挖土。时间一天天过去了，他挖的洞越来越深。这时，村里人开始议论纷纷，还在背地里说他异想天开，不务正业。听到这些话，他有过一丝的动摇，不过他最终还是选择继续挖下去。

有一天他心想，也许一直向下挖不是一个好办法，于是他换了一个方向，开始横向挖。又过了很长一段时间，他还是一无所获。夜里他躺在床上思考，又想起村民对自己的看法，他觉得这样一直挖下去确实也不是事。他开始怀疑自己的想法可能真的太荒谬了，或许这根本就是一个错误的决定，于是他决定放弃了。

后来，村里来了一个地质勘探队，他们发现了这个深坑，而这里正是勘探的理想之处。于是他们便从这里着手，进行勘探。谁知他们的仪器刚刚从坑底钻入地下不到一米处的地方，便发现这下面原来真的是个煤矿。经勘测这个煤矿的储煤量非常巨大。

这个故事看似充满太多的巧合，但是它却实实在在地告诉我们，在你怀疑梦想的那一刻，其实离实现梦想只不过只有一步之遥。

其实梦想本身就是一个既定的目标，就算你没有实现它，总会有其他的人去实现它；就算现在没有实现它，将来它也会被实现。所以我们怀疑梦想是没有道理的，我们哪怕怀疑自己，也不要去怀疑自己的梦想。也许很多人的能力确实不足以去实现心中的梦想，那我们可以把它分解开来，由于能力使然，哪怕实现其中的一部分，我们也可以问心无愧了。正如居里夫人所说："我已经做了我能做的事。"

凡尔纳是一位世界闻名的科幻小说作家，但他刚开始的文学之路却很艰难。这天早上，凡尔纳刚吃过早饭，正准备去邮局再次寄出自己的书稿。这时，传来了一阵敲门声，他开门一看，原来是一个邮局的邮递员。一番客气地嘘寒问暖之后，这个邮递员把一包鼓鼓的邮件递到了他的手里。一看到这样的邮件，凡尔纳马上就有了不妙的预感，他知道这一定又是某个出版社给他退回来的书稿，因为到目前为止，他已经是第十四次收到同样的邮件了。果不其然，当他怀着忐忑不安的心情拆开邮件一看，上面赫然写道：“凡尔纳先生：您的书稿经我们审读后，不拟出版，特此奉还。”

看到自己的书稿再次被退回，凡尔纳心里一阵失落。这次他的妻子也愤怒了，于是她气冲冲地抢过凡尔纳手中的书稿，走向壁炉，她打算将它付之一炬。就在那本书稿即将被丢进壁炉的瞬间，他又从妻子手里抢过了那本书稿，并紧紧地抱在怀里。他对妻子说：“亲爱的，就算这个世界上没一个人相信我，但我相信我自己，就让我再试一次吧。”于是凡尔纳又鼓起勇气再次寄出了自己的书稿。而这一次却没有落空，他的书稿终于被那家出版社主编看中，决定立即出版，并与他签订了20年的出书合同。

当你面对自己梦想的时候，无论你多苦、多累，无论你经受过多少挫折和坎坷，你都不要怀疑自己的梦想。因为梦想毕竟与现实有着一定的差距，而这些苦难不过是你在实现梦想的路上要必经的磨难。在为梦想奋斗的进程中，要永远相信你想要的就存在于梦想之中，反过来梦想也是推动你不断前进的强大动力。

总之，我们千万不要怀疑自己的梦想，更不要中途停止，因为它承接着我们的未来。我们要始终相信自己的能力，相信自己只要坚持便可产生无往不胜的能力，并坚持为自己的梦想而战。

做自己的“伯乐”，相信自己有无限潜能

所谓自信，就是一个人对自我能力的肯定。自信是力量之源、奇迹之本，同样它对一个人的成功是非常重要的，更是一个人成功的前提。自信能给我们带来勇气，增强我们克服困难的信心，还能促使我们发挥最大的潜能，提高成功的机会。我们应该相信自己是优秀的，如果你始终这么认为，那你就已经迈出了成功的第一步。只要你朝着这个方向不断前进，总有一天，你会发现自己的自信所带来的丰厚回报。高尔基曾经说过：“只有满怀自信的人，才能在任何地方都把自信沉浸在生活中，并实现自己的意志。”有这样一个故事：

从前有一个孩子，他的身体从小就非常的瘦弱，这也一度让他失去了信心。在一次谈及自己理想的课堂

上，他也当着老师和同学们的面说，自己根本没有远大的志向，这话惹得同学们哄堂大笑。下课后，那位老师私下把他叫到一旁，问他为什么说自己没有理想。那个孩子说他的身体很软弱，将来也不会变成什么有大用的人。听到这个原因，那个老师没有批评他，反而鼓励他，让他相信自己是一个坚强的孩子。

那个小男孩就问老师如何才能让自己变得坚强，于是那个老师一边示范，一边告诉他说："每当你遇到困难的时候就站在原地，然后收腹、挺胸，并想象自己很强壮，相信自己会做得到。然后，真正去做，敢于去做，靠自己的双手去开拓，活得像个真正的男子汉。"那个小男孩照做了。

后来，这个小男孩长大后有了自己的公司，成了身价百亿的富豪。在人生的最后阶段，他做出了周游世界的计划，那时他就快九十岁了，但是他依然精神抖擞，充满活力。

自信是成功人士的最大秘诀，它能消除我们所有的负面情绪，让你的内心强大无比，为了自己的梦想不再犹豫和退缩。纵观那些成功人士，在成功之前，他们无不自信满满，并抱定舍我其谁的心态，如此一来，他们就会不断开发自己的潜能，排除万难，奋力拼搏，不达目的誓不罢休。拿破仑个子很矮，但他相信自己能够征服世界；美国前总统罗斯福，坚信自己得过小儿麻痹症的双腿无法阻止他走进白宫；小泽征尔的自信，让他摘取了世界指挥家大赛的桂冠；马云的自信最终让互联网颠覆了传统……可见，自信的力量有多么伟大。下面这个故事也充分证明了这点：

曾有这样一个小男孩，因为他从小就患上了脊髓灰质炎，这使得他的双腿留下了很明显的后遗症，从此他一瘸一拐地走路，为此他感到很自卑。在家他几乎一言不发；在学校，他也从不和其他同学一起玩耍，老师叫他回答问题时，他总是低着头一言不发。他一度认为自己是这个世界上最不幸的孩子。一天，这个小男孩的父亲不知从哪里弄来了几棵树苗。他兴奋地把孩子们聚到一起说："我打算把这些树苗栽在房前，现在你们每个人挑选一棵树苗，过一段时间，看谁栽的树苗长得最好，我就给谁买一件他最喜欢的礼物。"听到这里，这个小男孩的兄妹们开始挑选自己的树苗，并欢天喜地地栽了起来。小男孩无奈，也只能拿起别人挑剩下的一棵树苗栽了起来。接下来的几天时间里，小男孩的兄妹们每天都在为自己的树苗施肥、浇水，可他却并没有也不想去仔细打理它。几天后，父亲带着孩子们开始检查他们的劳动成果。意外的是，那个小男孩的树苗长得最好。于是父亲当着大家的面，兑现了自己的承诺，为那个小男孩买了一件礼物，并对他说，他长大后一定能成为一名出色的植物学家。从那以后，小男孩慢慢变得乐观和自信起来。一天晚上，小男孩躺在床上睡不着，圆圆的月

亮吸引了他的眼球，于是他起身趴在窗边去看月亮。忽然，借着月光他发现似乎有人在为他的小树浇水。于是他蹑手蹑脚地来到院子里，走近一看，原来是父亲正在用勺子为自己栽种的那棵小树浇水施肥。此时，他才明白为什么自己的小树长得那么好，他相信不久的将来，自己也一定会像那棵小树一样茁壮成长。后来，那个小男孩并没有成为一名出色的植物学家，而是成了美国总统，他的名字叫富兰克林·罗斯福。

在这个世界上，并不是因为某些事难以做到，我们才没有自信，而是因为我们缺乏自信，某些事才显得难以做到。那些缺乏自信的人，就如同受潮的火柴，很难擦出成功的火花。这些人也必然会被社会淘汰，他们只会随波逐流，任凭社会的摆布。有这样一个故事：

有一个女孩，她很小的时候就梦想着成为一名优秀的滑雪运动员。然而，命运和她开了一次“玩笑”，在她很小的时候，不幸患上了骨癌，为了保住生命，她不得不进行截肢手术，从此失去了自己宝贵的右脚。一个幼小的心灵很难面对如此打击，于是她开始变得沉默寡言，终日把自己锁在家里，在极度悲伤的时候甚至还想到了要自杀。

有一次，她准备吞下一瓶安眠药以结束自己的生命。就在这时，她的母亲发现并抢走了她手中的安眠药。她的母亲把她搂在怀里说：“孩子，你的生活并没有结束，而是刚刚开始。但在开始之前，你还要赶走一个可怕的敌人，那就是你内心的软弱！你要变得自信起来。人们不会耻笑那些坐在轮椅上的人，只会耻笑那些不敢面对自己，也不愿重新开始的懦夫。”母亲的话深深地鼓舞了她，从此她下决心找回自己的信心，重新开始面对生活。

后来，她慢慢地脱离了轮椅，开始拄着拐杖走路，她又想到了儿时的梦想。她相信就算自己只有一条腿，一样可以成为一名滑雪运动员。此后，她开始每天坚持锻炼，以便让自己变得更强壮。与此同时，她也开始尝试着滑雪，尽管一次次摔倒，但她依然相信自己能行。最后，她靠着一条软弱的左腿，奇迹般地成为美国历史上极具传奇色彩的著名滑雪运动员，她就是戴安娜·高登。在她辉煌的职业生涯里，一共斩获了29枚金牌。

安娜·高登用实际行动告诉我们，在面对困难、挫折和挑战时，只要你肯相信自己，不断努力地付出，哪怕你现在从零开始，你都可以成功实现自己的梦想。其实在社会生活中，许多失败者之所以失败，并不是缺少智慧，也不是缺少能力，而是缺少自信。当机会来临时，不敢相信自己可以做到，最终错失改变自己命运的良机。

伟大的哲学导师苏格拉底在临终前，有一个愿望：他想找一个十分优秀的人来继承他的衣钵，这个人不仅要有智慧，还要有绝对的信心和非凡的勇气。当他的得力助手知道了这个愿望后，就发誓一定要达成他的愿望。于是这个助手开始在全国范围内寻找，只要听说哪里有优秀的人，他都要前去拜访。

转眼间半年时间过去了，这个助手始终没有找到最合适的人选。在听说苏格拉底的病情开始加重了以后，无奈之下他只能挑选几个相对比较优秀的人，把他们带到了苏格拉底的面前。苏格拉底看到这些人后，挣扎着从病床上坐起来，然后悄悄地在这位助手的耳边说："这些人都不如你，他们不是我要找的人。"

这位助手听到这句话后，看着病容满面的苏格拉底很是愧疚，他再次发誓无论遇到多大的困难，哪怕是大海捞针也要找到苏格拉底期望的那个人。于是他再次踏上了寻找之路。又过了一段时间，他还是没能找到合适的人，但他不得不返回，因为他心里明白，苏格拉底的生命就快走向终点了。

他回来时，床上的苏格拉底已经很虚弱了，他跪在床边悔恨地说："实在对不起，看来我是没法找到那个人了。"这时苏格拉底微微张开眼睛说："我之所以还没死，就是要等你回来。其实在我心里那个最优秀的人就是你，可你却始终不敢相信你自己。"说完苏格拉底就闭上了眼睛。

这个助手因为不自信，错失了一个成为伟大哲学家的机会。其实在现实中，有很多人像那个助手一样，只看到别人身上的优点，却看不到自己身上的优点，在机会面前不敢自信地站出来，最后与成功失之交臂。很多时候，你只有先相信自己，然后别人才会相信你。

总之，自信是一个人所拥有的最重要、最可靠的财富之一，它可以帮助我们克服各种障碍，排除各种艰难，最终抵达胜利的终点。只要你相信自己是最优秀的，你就一定是最优秀的。这种强大的自信将会促使你积极进取，会赋予你强大的正能量，也将会带走向成功的未来。

冲破内心的禁锢，迈出艰难的一步

人生中有许许多多的第一步，不管我们迈出哪个第一步都不容易。正所谓“万事开头难！”但是有些路是我们必须要走的，就是再艰难也要迈出第一步。当你蹒跚学步的时候，你的第一步肯定会摔倒，但你也不能不学会走路；当你在没有任何经验的情况下走向社会时，你往往会到处碰壁，可你不能就此宅在家中；当你遇到一个喜欢的女孩时，你的第一次表白很可能会遭到拒绝，但你绝不甘心就此放弃；等等。面对这些必须要走的路，你只能勇往直前，因为放弃便意味着遭到淘汰。如下面这个例子：

在非洲大草原上，食肉动物们都有一个理念，那就是：我必须跑得再快一点，如果跑不过最慢的羚羊，那我就会被饿死。而羚羊同样也有一个理念，就是：我必须跑得更快一点，如果我不能比跑得最快的食肉动物还要快，那我就肯定会被吃掉。

在非洲刚刚出生的小羚羊，它们要做的第一件事，可不是悠闲地等待羚羊妈妈喂给它们第一口奶，而是先要学会站起来，并在最短的时间内学会奔跑。通过纪录片我们可以清晰地看到，刚出生的小羚羊马上就会挣扎着站起来，这一期间会摔倒很多次，但它们依然不放弃。当它们能成功站起来之后，马上就会迈开腿试着奔跑，只有追上羚羊妈妈后才能享用甘甜的母乳。

生活在危机四伏的非洲大草原，羚羊妈妈产子本身就是一件相当危险的事情，当它们生下小羚羊后会马上走开。这时的小羚羊只能靠自己的努力去迈出艰难的第一步，如果不这样做，等待它的将是食肉动物的血盆大口。

小羚羊们知道如果自己无法迈出艰难的第一步，那么等待它们的就只能是死亡。在生活中，我们大家也都会像小羚羊一样，从第一步开始慢慢走过来，并最终获得成功。正如日本作家芥川龙所说："九十九步是一半，一步是一半。"

有时候，当我们在生活中遇见自己想做的事时，又会停下脚步驻足观望，不敢踏出第一步，最终摇头远去。因为我们知道，这第一步的后面总是难以预料，甚至在第一步的后面等待我们的将会是失败。这时候，我们就会因为害怕失败，而下意识地把自己保护起来，并坚持“除非万不得已，否则绝不去尝试”的原则。长此以往，如果我们什么事都不敢去尝试，那我们就只剩下最基本的生存技能了。

可见，如果我们不拿出自己的自信心，而被恐惧和懒惰所束缚，进而犹豫不前，不敢迈出第一步，那无异于在自认为安逸的环境中等待死亡。有时候，当你自信并勇敢地迈出第一步时，你会发现这件事对于自己来说不过如此简单，一切都是水到渠成。有这样一个故事：

从前有个人，他的父亲是个医生，在其影响下他很小的时候就很喜欢学医。于是他的父亲每次出诊时，他都跟着一起去。就这样一晃十几年的光景过去了，由于父亲的精心教导，加上他的勤奋好学，在他十八岁左右的时候，就已经掌握了父亲的平生所学，且有过之而无不及。因为有时在碰到连父亲都头疼的疑难杂症时，他也能指出病因和治疗方法。但他有一个最大的弱点，除非他的父亲在他身边，否则绝不单独出诊，他始终不敢迈出独立的第一步。

一番冥思苦想之后，他的父亲终于想到了好办法。一天早上，他的父亲突然病倒了，看上去很严重的样子，他站在父亲的床前不知所措。急切间他对自己的母亲说：“我们赶紧去找个大夫吧！”可他的母亲却惊讶地说：“孩子，你不就是大夫吗？”他接着说：“可我从没单独给人看过病呀！”母亲拍着他的肩膀说：“孩子，你的父亲就在你身边，只不过他现在是一个病人，你就像平时一样，只管大胆去诊断，你父亲肯定也信得过你。”眼看父亲的表情很痛苦，情急之中他也只得硬着头皮为父亲把脉。奇怪的是，通过脉象，他觉得父亲的病情似乎没什么大碍，只需简单调理一下就好了。他怕自己弄错了，再三诊断，可结果依然如此。于是他下决心生平第一次写下了一个药方。果然不出他所料，当父亲喝了他的药以后，便很快就好转了。此事过后，他对自己的医术充满了信心，最终接过了父亲的衣钵，成为一个远近闻名的“神医”。

事实上，这个小伙子的父亲确实没什么大病，只是借着感冒故作痛苦的样子，目的是让他找到自信，迈出独立的第一步而已。下面还有一个故事：

怀特是美国一个普通的大学毕业生，毕业后他便进入了当地一家报社做记者。上班的第一天，报社主编就交给他一个重要的任务：去采访来本地视察工作的州长。刚上班就接到这样的任务，足见主编对他的器重，不过第一次面对这么重要的任务，怀特也不免心里直打鼓。因为他知道，自己不过是一名刚刚出道、名不见经传的小记者，一点实战的经验都没有，面对州长这样的大人物，自己能否压得住场面还是未知数，他生怕把这次任务搞砸。

正在怀特踌躇之际，正好被主编看见了。主编猜透了他的心思，于是拍着他的肩膀说：“别担心，小伙子。要知道，一个终日躲在阴暗房子里的人，当他想知道外面的阳光有多明媚时，最简单的做法就是往外跨出第一步。”主编的话让怀特深受启发，于是他开始积极准备采访州长的一切事宜：他首先与州长的秘书取得了联系，然后约定了采访时间；之后开始准备自己所要提问的问题；而后是自己的着装……

采访当天，由于做了充分的准备，怀特表现得非常成熟和完美，采访也很成功，之后他还受到了那位州长“前途无量”的认可。后来，每当向后辈讲述自己的这段经历时，怀特都会语重心长地说：“当你第一次克服了心中的畏怯后，下一次就容易多了。”

怀特采访的成功告诉我们："敢不敢迈出第一步"是一种选择，敢于踏出第一步的人，哪怕会有失败和挫折，但风雨过后，总会收获成功的喜悦；不敢跨出第一步的人，当然不会有眼前的失败，但是他的人生将永远品悟不到成功的真谛。在生活中，很多人在面对一件事情时，都会抱怨现实的残酷，说自己没有那个能力。可你不去试，不敢迈出那第一步，又怎么知道自己不行呢？也许还有些人会说："这么简单的事情，凭我的能力，分分钟就能搞定！"但想与做终归有本质上的区别，不去做，不迈出第一步，那终归是一句空话。

"好的开始是成功的一半"，这句话一点不错。所以在面对事情时，只要我们迈出第一步，哪怕是闭着眼睛迈出的这一步，相信剩下的一切都会变得容易，而我们最终都会把困难踩在脚下。终有一天，当你回忆人生所走过的路时，你就会发现，当初自己迈出的那一步是多么正确。

第三章
你在想的事总有人在做

通往成功的路是“走”出来的，而不是“想”出来的。我们要想获得成功，必须从实际出发，而不是去雾里看花，水中望月。

为何苦想千条路，却始终在原地踏步

在现实生活中，很多人都会有这样的体会。当我们觉得不如别人的生活过得好或是遇到挫折的时候，就马上会雄心勃勃地为自己制订一系列的“伟大”计划，并放出豪言壮语，表示一定要实现。可第二天一起床，发现世界还是那个世界，而自己还是原来的那个自己，于是就想：“算了，还是本本分分做人吧，也许自己根本就没有那个命。”

殊不知，当我们认命时，就真的只能接受命运的摆布了，因为你并不知道通往成功的路是“走”出来的，而不是“想”出来的。一个人若只停留在想的阶段，那就等同于在原地踏步，甚至是退步。因为不去尝试，首先就没有给自己成功的机会；不能付诸行动的梦想，永

远也不会变成现实。

有一个穷困潦倒的中年人，总是梦想着自己能够一夜暴富，摆脱现在落魄的境地。于是，他隔三岔五就会去教堂祈祷，他的祷告词基本上没有变过，总是那一句："上帝，请看在我多年来虔诚祈祷的份儿上，让我中一次彩票吧！"

一天，他又一次来到教堂里，样子郁郁寡欢。他跪在地上祈祷："上帝啊！为什么不让我中彩票呢？求求您让我中一次吧，我会更加谦卑地服侍您！"

几天之后，他再次来到教堂，重复着那一句祈祷词。就这样，他周而复始、不间断地乞求着上帝让他中彩票。

终于有一天，他跪在地上哭着说："亲爱的上帝，为什么不可怜可怜我，答应我的祈求呢？让我中一次彩票吧！只要一次，让我解决眼前的困难，我愿意为您终身奉献……"

这时候，上帝的声音从空中传来："我一直都在垂听你的祷告，可是你总该买一张彩票，我才能让你如愿啊！"

这个故事实在令人发笑，但也值得深思。落魄的中年人是现实中许多人的缩影，他们也渴望着能够一夜暴富，改变现状，但他们终日沉浸在梦想中，期待着有一天美梦能成真。但事实上，他们永远都不可能实现梦想，因为没有行动就是在做白日梦。

我们每个人都有自己的人生目标，但并不是任何一个人都会为了这个目标去付诸行动。有些人总是只是说说而已，永远也不会付诸行动。他们想要改变现状的心情也许是真的，但是他们却是思想的巨人，行动的矮子。有位哲人曾经说过："我们生活在行动中，而不是生活在岁月里。"要改变生活境遇，首先就要行动起来，这是最快最有效的方法。

曾有一位聪明伶俐的小女孩，因为他的父亲是个伟大的作家，所以她也梦想着成为一个伟大的女作家。有一次在父亲举办的一场家庭宴会上，很多客人都称赞她聪明可爱，说她将来的成就一定比她的父亲还要大，她也就毫不掩饰地说："没错，我就是要成为一个比父亲还要伟大的作家！"这时他的父亲开始问她："既然如此，那你给大家说说都看过哪些作品？"小女孩结结巴巴地说不出来。这时她父亲大怒道："那么就请放低你的姿态！你要为你说的话负责！现在就去做你该做的！"

空想，动嘴发牢骚，抱怨没有好的机会，这些可能谁都做过。可是，又有什么意义呢？人生的道路上，永远都有机遇在前方等着我们，但它们总是藏躲在一些角落里，我们必须耐心、积极地去寻找，而不是守株待兔，"纸上谈兵"是没有任何意义的。

战国时期，赵国名将赵奢有个儿子名叫赵括。受父亲的影响，赵括从小就酷爱兵法，加上自己的聪明伶俐，因此在他非常年轻的时候，各种兵法就已经烂熟于胸了。为此赵括常常以大将军自居，总爱在别人面前谈论作战用兵的事情。很多人都认为赵括很有才能，只有他的父亲认为赵括只是夸夸其谈，不能承担重任。

数年之后，秦国进攻赵国。赵国大将廉颇采用了修筑壁垒坚守的方法来抵御秦军。这种方法虽不能速胜，但也不会失败。一段时间之后，赵王开始不耐烦了，并听信了“廉颇年老，不堪重任”的谣言，于是撤了廉颇的大将军之职。廉颇被撤后，很多人都开始举荐赵括代替廉颇担任大将军。赵括到了前线之后，完全改变了廉颇将军的作战计划，开始照搬兵书上的教条，让赵军主动出击。秦国大将白起首先设计先截断了赵军的运粮后路，然后又把赵军团团包围，就这样，四十多万赵军被秦军尽数歼灭，赵括也在混战中被杀，这就是历史上有名的长平之战，从此赵国一蹶不振，并最终被秦国所吞并。

可见，每个人的成功不是靠说，更不是写在纸面上即可，豪言壮志谁都有，重要的是你怎样用行动将这豪言壮志变成现实。纵然你满腔热血，如果裹足不前，不通过行动证明一切，那又有何用。所以，不管是改变生活，还是获得事业的成功，都离不开行动。总之，你必须先要让自己“动起来”。

有一个人，曾经对着大海兴叹。这时一个衣衫褴褛的和尚从他面前走过，便问：“施主，你在看什么？”那个人看了这个穷和尚一眼，不屑地说："听说海的那边很富裕，一定有生财之道，但苦于我还没有攒够买船的钱，无法马上出海。"这个和尚说："施主，这有何难？"这个人一听来了劲，马上恳求大师指点。穷和尚笑着说："正好我也要出海，不过我一人一钵足矣。"这个人大失所望，认为他是一个疯和尚。

如此，一年的时间过去了，这个人依然每天对着大海兴叹。这天，又有一个和尚在他面前停了下来，问道："施主，你在看什么？"那个人看到这个和尚穿着整洁的袈裟，一看就修为不浅，于是恭敬地说："我听说海的那边有生财之道，但我始终没有攒够买船的钱，无法出海，大师能否指点一下，我该怎么办？"这个和尚笑着说："施主，不认识我了吗？一年前我们见过的，也是在此地，你也是这样询问我的。"那个人这才惊讶地说道："难怪大师看上去有些面熟。一年不见您真的出海了吗？"和尚笑着说："海的那边确实很富裕，看看别人施舍予我的袈裟就知道了。"说完便不紧不慢地走了。

可见，心动不如行动，迈出行动的第一步，成功的概率就会提高。天下最可悲的一句话就是："我当时真的应该那么做，可我没有。"还有不少人总是说："若是我当初……如今早已经……”可惜，生活中没有那么多假设。一个好的创意没有实现，的确会让人叹息不已，永远无法忘怀；如果真的彻底施行，就有可能带来收获。

可能你也懂得“想做就做”的道理，但是你可能没有将这个原则用到自己的经历中，所以你未能改变现状。如果此刻的你拥有一个梦想，那就闭上嘴巴，把所有的精力用在行动上，这样的话，你一定会成功！

还等什么，蜗牛都爬上了金字塔顶

相传在这个世界上，只有两种动物能够站在金字塔顶。其中一种动物就是能依靠自己强有力的翅膀，飞到上面的雄鹰；另一种则是笨拙缓慢的蜗牛，因为在很多动物还在犹豫的时候，蜗牛就已经开始爬了，虽然蜗牛的速度缓慢，但就算用几个月或是几年的时间它也在所不惜。有这样一个故事：

当时世界上第一个发明火车的人，为了测试火车的性能，费了很大的力气把一个火车头弄到轨道上。但当时那段轨道有些斜坡，为了防止这个巨大的火车头向前滑行，他就在火车头的8个驱动轮前面分别塞一块小木块，于是这个庞然大物就被牢牢固定住了。

第二天早上，测试开始了。他们首先拿掉了卡在车

轮前面的小木块，然后在火车头的后面挂上了很重的货物，又在不远处的前方设置了一堵几英寸厚的水泥墙。一阵轰鸣声响起，火车拖着重物开始缓缓开动起来，它的速度越来越快，然后轻易地就冲破了那堵水泥墙飞驰而去。所有观看实验的人，都开始欢呼起来，这个庞然大物也注定被载入史册。

但是这期间没有人注意到，当这个庞然大物静止的时候，几个小木块就能把它固定住；当它动起来的时候，就算是重物、厚墙也无法阻挡它前进。可见，这个庞然大物要想获得巨大的威力，就必须得开动起来。

这个故事告诉我们：在现实生活中，我们要想强大起来，要想获得成功，也必须要行动起来；否则，只想不做，就会如同静止的火车头，连几个小木块都无法推开。古人云："吾尝终日而思矣，不如须臾之所学也。"可见我们就算想一千次，也不如踏踏实实去做一次，哪怕我们"中道而废"，也比止步不前强得多，所以我们与其"临渊羡鱼，不如退而结网"。有这样一个故事：

有一个小伙子，他的工作是在一栋写字楼里做清洁工人。有一天，他干完活便坐在楼梯上休息。这时他听见一个培训班里的老师正在为学员们讲致富的方法。虽然他没有读过几天的书，但他觉得这位老师所讲的"致富经"很有道理，于是他便凑到培训班门口，认真地听了起来。此后，他经常到那个培训班门口旁听。那位老师肯定也从来没有发现，当自己唾沫星子满天飞在大谈"致富经”的时候，却有个穷小子正在虔诚地聆听；更不会知道，当他私下抱怨工资低的时候，这个穷小子向他投来质疑的目光。

几个月后，这个小伙子终于按捺不住内心的冲动，他决定依照学到的方法去创业，那样也许真的会改变自己的命运。于是他便辞掉了工作，开始尝试着创业。尽管创业的艰辛远比他想象中的要难得多，但他始终相信那位老师的话，并严格按照他的方法去执行。

经过多年的努力，他终于成了百万富翁。这时他最想感谢的就是当年在不经意间为自己指点迷津的那位老师。但那个培训班早就倒闭了，经过多方打听，他才得知那位老师还在其他培训公司授课，而且薪水依然不高。为了避免炫耀的嫌疑，他只给那位老师写了一封感谢信，信里也只有歪歪扭扭的几个字：“能把您致富的理论变为现实，我很荣幸！”

一个是满身智慧的学者，一个是大字不识几个的穷小子，然而俩人却有着截然不同的命运，原因就在于：一个在想，而另一个在做。俗话说：“一千个零抵不上一个一。”很多事情在没有转化为行动之前，就算有一万个理由证明了它的合理性，那也等同于“纸上谈兵”，没有任何意义。国务院总理李克强同志在谈到改革时，说道："喊破嗓子，不如甩开膀子。"可见，说得多不如做得多，让理想成为现实的最好方法就是立刻行动，努力去做。尽情地用生命来拼搏，你的人生就会越来越精彩，梦想就会越来越接近。

伟大的航海家哥伦布，通过艰苦的航行发现了美洲新大陆。在他胜利归来的时候，西班牙当地名流为他举办了一个盛大的欢迎舞会。在会上，有位贵族喝了点酒就大喊道："发现新大陆有什么了不起的？哥伦布你有什么了不起的？"此言一出，会场的气氛一下子凝重起来，那位贵族接着嚷嚷道："你不就坐着船往西走嘛，然后碰巧遇到了一块陆地而已，这样的小事，在场的每个人都可以做到。你神气什么呀？"现场尴尬到了极点，大家都把目光投向了哥伦布。但是哥伦布并没有恼火，反而微笑着走到餐桌前，放下酒杯，顺手拿起一个煮熟的鸡蛋，对大家说："各位你们谁来试一试，看哪位朋友能把鸡蛋的小头朝下，让它立在桌子上。"这时，就有几个人开始尝试起来。可大家绞尽脑汁，还是没一个人能把鸡蛋立起来。最后哥伦布重新拿起桌子上的鸡蛋，用小头往桌上一磕，鸡蛋就立在了桌子上。这时候那位贵族又开始嚷嚷起来："你这是耍小聪明，把鸡蛋敲破立起来算什么本事，这样大家都能做得到！"大家又把目光投向哥伦布，哥伦布从容地呷了一口酒，说道："各位朋友，世界上的事本来都很简单，只不过有些事情我先做了，但是有些人却没有做，甚至根本还没有想到。"

哥伦布能够成功，是因为别人想的时候他已经在做了。克雷洛夫说：“现实是此岸，理想是彼岸，中间隔着湍急的河流，行动则是架在河上的桥梁。”可见，无论做任何事，只有付诸行动，理想的风帆才会为你张开，并最终驶向成功的彼岸。总之，行动才是一个人超越自己和实现梦想的唯一途径。我们要敢想、多想，更要敢作敢为，只有拥有积极进取的精神和通过脚踏实地地拼搏，才会成就一番事业，走向成功；相反那些雷声大雨点小、不付诸行动之人，永远只会徘徊在“此岸”，终将一事无成。

凡事都没你想的那么艰难

人生就是一个不断挣破障碍与阻力，不断突破自我的过程。不论是生活，还是工作，抑或是感情，只要你内心的屏障被打开，便能最终迎来连自己都感到意外的收获。很多时候，人们往往被暂时的困难和挫折蒙蔽了双眼，一旦这种困难被无限放大，原本的热情和激情往往就会被无情浇灭。这样一来，或许稍稍努力一把便能摘到的胜利果实就变成了永远只能是一个可望而不可即的空中楼阁。其实，困难大部分时候是被想出来的，实际上，凡事都没你想的那么艰难。

体育坛上新晋的游泳健将宁泽涛，如今已然是全国人民的骄傲。2014年，他在仁川亚运会中以优异的成绩博得了所有人的赞许，一战成名。2015年，他又摘得了首枚世锦赛金牌，刷新了亚洲游泳的历史纪录。谁又能想到，这位集“万千宠爱于一身”的水上明星，小时候居然很怕水。为了克服对水的恐惧，宁泽涛毅然选择了学游泳，并凭着一股拼劲和不服输的信念走上了专业游泳运动员之路。学游泳不难，但是要坚持日复一日地训练，并默默地忍受各种误解、嘲讽，就不是一件简单的事了。但对于宁泽涛来说，这些困难都不是可以拿来当作让自己退缩的借口。2011年月4月，他以0.06秒之差无缘冠军的奖牌，而后又因爱吃肉类食品和方便面在全国性的比赛中兴奋剂检测结果呈阳性，身陷“瘦肉精”风波，被中国泳协禁赛一年。就算在后来的2013年全运会，他一举拿下了短池自由泳双冠并两破亚洲纪录，还是受到不少人的误解和嘲讽。但宁泽涛并没有因此觉得自己的“游泳梦”有多难实现，他一直坚守着心中的信念，默默承受着外界的压力和不理解，最终抒写了一个传奇的故事，得到了大家的认可。

宁泽涛用他的坚持告诉我们，要实现自己的目标其实并不难，只要有勇气去面对和克服一个个挫折，成功终会在某一天轰轰烈烈地降临。

也许有人会说，我自身条件不好，不聪明也没有背景，可能就注定了一生碌碌无为，平平淡淡，就算再努力，再坚持，要有所作为恐怕也很难。有这种想法的人就很容易给自己设定一个内心的障碍，这会直接影响你

的言论和行为，因为它总是暗示你“我不行，我做不到”。在这个障碍的影响下，你就会变得迟疑不定，意志薄弱，并最终在困难面前妥协。但只要我们发自内心地说：“我能行！”并始终保持这种积极的正能量，那我们就能够克服很多困难，完成任务。

很多事情，只要我们想做，并去做，一般都能做到。这期间是要付出一定的心血和汗水，但当付出到了一定程度之后，成功就会变得水到渠成了。如魏格纳躺在病床上看到挂在墙上的地图，经过一番确证之后便提出了“大陆漂移说”；牛顿在苹果落地的过程中得到了启示，又经过一系列的实验证明了“万有引力”定律等等。这些人的成功看上去也都是顺理成章的事情，并没有我们所想象的那样困难，真的是历经“九九八十一难”才“修成正果”的。有这样一个有趣的故事：

相传很久以前，曾经有一个富翁，他已经六十多岁了，但他还有一个最大的愿望就是能在临死之前走遍全国，可苦于年老体衰，自认为无法远行。为了实现自己的愿望，他不惜花重金遍寻名医，希望能找到延年益寿、强身健体的仙丹灵药。

这天他获知，在城西的乡下有一个自称能使人强身健体、返老还童的名医。于是他便命仆人携重金前去拜访，并传达了他的愿望。但是那个名医很怪，他要求这个富翁必须亲自来拜访他，才肯说出自己的药方，而且他还要求这个富翁来时不得乘车，也不得骑马。为了能得到仙药，这个富翁照做了。

看到这个富翁果然信守承诺，于是神医便说出了自己的药方。他说这种药非常难提炼，而且非常复杂，每天只能配好一味药，要一年之后才能完全把药炼成。神医还有一个奇怪的规定，那就是让这个富翁像今天这样，每天都徒步过来结清当天的药材钱，他不收预付款，而且这个富翁若不来一天，他也就休息一天。这个富翁当即表态完全同意。

此后一年的时间里，这个富翁果然信守约定，风雨无阻。眼看一年之期将到，这天神医说这最后一味药在遥远的南方能找到，便让那个富翁亲自去寻找。为了不前功尽弃，那位富翁便再次答应了。临行前，神医交给他一个锦囊说，药方在里面，到了之后再打开。

次日，富翁打点好行装便开始远行了。一路上他游山玩水倒也自在，而且经过一年的锻炼他的身体已经没有任何毛病，几乎没感觉到有多么劳累。就这样游历了半个国家，他终于到了指定的目的地。当他打开那个锦囊时，发现里面写的并不是药方，而是一句话："世上无难事，接下来你可以慢慢游历剩下的半个国家了。"

然而在实际生活中，我们经常会通过各种媒体，了解一些成功人士的成功感言，他们总是夸大实际，把成功描述得异常艰辛，致使很多人都望而却步。其实，只

要你相信自己能够成功，并尝试去做，你一样能行。怕就怕很多人在面对某件事情的时候，还没有开始做，就说自己能力有限不足以胜任，其实归根结底还是他从内心深处就不想做。孟子曰：“挟泰山以超北海，语人曰‘我不能’，是诚不能也。为长者折枝，语人曰‘我不能’，是不为也，非不能也。”世上本无难事，关键是看你做不做。

总之，凡事都没有我们想的那么艰难。不管我们做什么事情，只要锁定目标，相信自己，并持之以恒地坚持去做，就肯定会有收获；相反，如果我们急功近利，还没有开始努力就想着索取，或是根本不去做，那永远也不可能成功。

成功不是靠天赋，而是靠努力

在谈论某个伟大的人物时，我们总是说“那是一个天才”“他就是为了这个世界而生的”……事实上，我们眼中的这些天才，只不过是通过努力，让自己独有的特点和喜好与其所努力的方向恰好一致的结果。所以，从某种程度来说，我们每个人都是天才，但是能否成为真正的天才，就要靠自己的努力去争取了。方仲永天生就会赋诗，但是后来他没有继续努力学习，也成了普通人；姚明被称为中国的篮球天才，可是如果他不在这方面刻苦训练，那他不过也就是一个大高个而已；贝多芬有音乐方面的天分，但如果他因为失聪而放弃努力，那他不过是一个普通的残疾人；等等。正如伟大的发明家爱迪生所说：“天才是百分之九十九的汗水加上百分之一

的天分。”

古时候有个小孩叫方仲永，他出生在一个农民家庭。由于家里穷，直到他5岁的时候，家里人也没送他去私塾读书，他更是从未见过笔墨纸砚之类的东西。可是有一天，方仲永突然哭着闹着要纸笔，说要作诗。他父亲一方面拗不过他，一方面又有些好奇，于是从邻居那里借来纸笔。谁知他娴熟地抓起笔，不假思索地在纸上写下了一首诗。这个消息一经传出，马上就吸引了几个同乡的读书人前来观看，谁知他们竟都夸方仲永不仅字写得好，而且诗做得更好。这件事很快引起了轰动，前来观看的人也无不个个称奇，都夸方仲永是个难得的天才，更有甚者还说他简直就是“文曲星下凡”。

从此，方仲永家门庭若市，慕名而来的人络绎不绝。这期间不乏很有名气的文人墨客，很多人还在现场出题叫小仲永作诗，可不论什么题目，他都能立刻成诗，而且词句工整，且文采飞扬。方仲永的才气让他远近闻名，为此很多名流、富人常邀请他们父子到家里做客，每次小仲永留下的墨宝，不仅博得了富人们的赞许，也为他们家换来很多钱财。

从此之后，方仲永的父亲便把他当成了一个赚钱工具，更打消了让他上学深造的念头。如此过了几年，大家发现他身上的才气似乎越来越少了，到了十几岁的时候，他已经渐渐地变得和普通人基本没什么两样了。

可见，一个人成功靠的不是与生俱来的天赋，关键还是看自己的努力程度；一个再有天分的人，如果不注重后天的勤奋学习，那也注定“泯然众人”。

在生活中，任何人的成功都离不开后天的勤奋与拼搏。如孙敬“头悬梁”；苏秦“锥刺股”；匡衡“凿壁偷光”；陈景润“废寝忘食”，摘得“哥德巴赫猜想”的桂冠；“篮球之神”乔丹不知挥洒过多少勤奋的汗水，才冠以这个无上的荣誉……有这样一个故事：

范仲淹年少求学时，由于家贫，他的生活十分艰苦。相传他总是每天晚上用糙米煮好一些稀粥盛在盆里，然后等到第二天早上，盆里的稀粥凝成冻后，他就用刀把“这块稀粥”切成四块。就这样，他早上吃两块，晚上再吃两块，没有菜时，他就切一些腌菜下饭，一天的饮食就是如此，“断齑画粥”的典故也由此而来。

后来，当地有个乡绅非常同情范仲淹的处境，于是有一天他就从家里带来了很多好菜好饭送给他。为了感谢那位乡绅的好心，范仲淹便收下了饭菜。几天之后，当那个乡绅再次来到范仲淹的家里时，却发现之前自己送给他的饭菜还在那里，但都已经发霉了。范仲淹赶紧解释说：“您的好意我实在感激不尽，但如果我现在舍弃稀粥，转而习惯于贪食这些好吃的东西，那我以后的日子便会更难过。所以，我要通过自己的努力，彻底改变现在的境遇。”听到这话，那位乡绅对他大加赞赏。尽管范仲淹的生活很贫苦，但他更加好学，每天都把大部分时间花在勤奋学习上。经过自己的不懈努力，范仲淹长大后，终于成为宋代著名的文学家、政治家、军事家，并写出了“先天下之忧而忧，后天下之乐而乐”的名句，被千古传颂。

可见，勤奋努力、踏踏实实、不辞辛劳的实干精神值得称道，而成功就隐藏在实干的背后。一个人勤奋的品质并不是与生俱来的，同他本身的聪明与否毫无关系，这主要是靠后天的努力来养成。正如爱因斯坦所说：“在天才和勤奋两者之间，我毫不迟疑地选择勤奋，它几乎是世界上一切成就的催产婆。”还有一个故事：

王羲之是东晋有名的书法家，据说他7岁时就开始练习书法，而且非常勤奋，就是在吃饭、走路的时候都想着书法，真的到了无时无刻不在练习的地步。有时他手里没有纸笔，他便随手在身上划写，久而久之，衣服都被划破了。还有一次，他练字竟忘了吃饭，家人把饭送到书房，当他饿的时候，竟随手拿起食物，把墨汁当成糖来蘸着吃，还吃得津津有味。当家人发现时，他满嘴都是墨水，竟然一点都没察觉。

现今在浙江省绍兴市西街的戒珠寺内有个“墨池”，传说这就是王羲之当年洗笔的地方，他的勤奋也在这个“墨池”里得到了充分的证明。相传在王羲之经常练字的地方有一个池塘，他为省事经常在这个池塘里洗笔。有一次他正在洗笔的时候，看见父亲从他身边经过，他便问父亲自己什么时候才能把字写好。父亲告诉他，如果他能把池塘里的水洗黑，他的字就会有大长进的。

从此以后，王羲之更加勤奋，日复一日，年复一年，池塘里的水也就慢慢变黑了，而王羲之的书法也有所成就了。后来，又经过不断地不懈努力，王羲之成了大书法家，被人们称为“书圣”，他用来洗笔的池塘也被后人称为“墨池”。

王羲之的勤奋最终为他带来丰厚的回报。可见，无论于职业的卑微，无论于事务的渺小，无论于生活的磨砺，只要我们勤奋、努力，积攒起成功的动力，就能拥抱成功的希望与辉煌。

在现实生活中，很多人都在抱怨：“我已经很勤奋了，怎么还得不到回报？”这其中可能有两种情况：一种是你的勤奋中可能有虚假的成分，你可以用装模作样来欺骗自己或欺骗别人，但你绝逃不过成功的法眼；还有一种情况就是你已经离成功很近了，只要你不半途而废，成功就在不远处。

要明白，成功需要一个漫长而实际的过程。在这个过程中，要通过勤奋、努力与付出，才能获得知识和经验，这都将促进我们走向成功。当我们真正通过自己的勤奋，获得想要的结果时，我们就会体会到勤奋的快乐。如通过自己的勤奋努力，得到了领导的认可，并因此加薪升职；通过自己的勤奋努力，终于考进了理想中的大学；等等。所以，我们必须睿智一点，相信勤奋的缔造，相信总会有成功到来。

对于一个成功人士来说，天赋固然重要，但起决定作用的还是后天的努力。

无法改变世界，那就改变自己

有这样一个故事：

曾经有这样一个男孩，他总是试图叫别的小朋友遵从自己的意愿，否则就会大发脾气，因此，很多小朋友都不愿意和他一起玩。为了改变他的坏脾气，他的父亲绞尽了脑汁。后来经专家指点，他的父亲终于想到了一个好办法。

这天，他的父亲交给他一袋钉子，并且告诉他，每当他想发脾气的时候，先尽量忍住，回家后可以拿出一些钉子，狠狠地钉在后院的木门上，以此来发泄自己的愤怒情绪。小男孩答应了父亲的要求。谁知仅仅一天过去，他就在木门上订上了30多根钉子。此后的几天，他开始尽量控制自己的情绪，而他钉在木门上的钉子也越

来越少了。一天，他兴奋地跑到父亲那里，说他今天一根钉子也没有用过。

他的父亲说：“好样的，儿子！从今天开始，只要你不乱发脾气，你就每天从那个木门上拔掉一根钉子。”时间一天天过去，那个木门上的钉子也越来越少。

终于有一天，他拔出了木门上的最后一根钉子。然后又兴奋地跑去告诉父亲，并领着父亲来到木门前查看。他的父亲一只手指着木门上的累累“伤疤”，一只手摸着他的头说：“孩子，你每向别人发一次脾气，你的话就会像钉在木门上的钉子一样，伤害到别人，甚至留下永远的伤疤。”

当你觉得自己和他人或同这个社会格格不入时，那说明问题一定出在了你的身上，这个时候你最需要的是改变自己而不是抱怨他人和这个社会。当你决定并最终改变自己的时候，也许别人和这个社会也会因为你在悄悄地改变。

在威斯敏特教堂地下室，英国圣公会主教的墓碑上写着这样一段话：“当我年轻自由的时候，我的想象力没有任何局限，我梦想改变这个世界。当我渐渐成熟明智的时候，我发现这个世界是不可能改变的，于是我将眼光放得短浅了一些，那就只改变我的国家吧！但是我的国家似乎也是我无法改变的。当我到了迟暮之年，抱着最后一丝努力的希望，我决定只改变我的家庭、我亲近的人——但是，唉！他们根本不接受改变。现在，在我临终之际，我才突然意识到：如果起初我只改变自己，接着我就可以依次改变我的家人。然后，在他们的激发和鼓励下，我也许就能改变我的国家。再接下来，谁又知道呢？也许我连整个世界都可以改变。”

相传，李白小的时候学习很不用功，总是千方百计地设法跑出去玩。有一天，父亲把他锁在书房里叫他读一本很厚的书，并发话读不完就别想从书房出来。李白没有办法，只能硬着头皮去读，好不容易读了一半，他再也坐不住了。后来他发现，书房的窗子没有锁好，于是趁父亲不注意的时候，又跳窗溜了出去。

不知不觉，李白来到了一个山坳边，他准备向别人讨口水喝。这时他隐约听见好像有人在磨什么东西，于是他顺着声音寻了过去。走近一看，才发现原来是个老奶奶在磨一根铁棒。李白很有礼貌地说道：“奶奶我口渴了，能不能给我一碗水喝。”老奶奶抬头看了他一眼，用手指着水缸说：“水在那边，你自己去舀吧。”李白喝完水，便蹲在老奶奶面前，疑惑地问：“奶奶，您磨它干什么？”本来全神贯注的老奶奶这时停下来，笑着说：“我在磨绣花针。”李白惊奇地问道：“奶奶，这么粗的一根铁棒能磨成针吗？”老奶奶摸着李白的头说：“孩子，铁棒再粗，也禁不住我天天磨呀！只要我不间断地磨下去，再粗的铁棒也能磨成绣花针的。”

李白听了老奶奶的话，心中顿悟，他发誓要改变自己，成为一个有用的人。后来，李白变得用功起来，最终成了中国历史上一位伟大的诗人，号称“诗仙”。

李白正是通过自己的改变，才成就了辉煌的一生。大文豪托尔斯泰说：“全世界的人都想改变别人，就是没人想改变自己。”其实，命运对每个人都是公平的，关键就看你如何把握：有的人通过努力最终抓住了命运的手；有的人虽然最初与命运擦肩而过，但是他们改变了自己，又让命运峰回路转；当然也有些人选择屈从命运，挣扎在命运的泥潭中无法自拔。每个人都可以选择自己生存的环境，你可以选择屈服，也可以让自己变得更加坚强。反过来说，你也可以选择改变环境，让环境因你而改变。

面对生活，总有不尽如人意之处，有时难免会让我们失望。但是，世界不会因你而改变，要想改变世界，就必须先改变自己。正如萧伯纳所说：“明智的人使自己适应世界，而不明智的人只会坚持要世界适应自己。”

可见，我们面对生活上的不如意，并不是生活本身出了问题，而是我们的思想方法出了问题。如果我们面对这些问题时选择了抱怨，那么生活中的一切都会成为你抱怨的对象。因为环境不会因你的抱怨就马上变化，所以当事实摆在面前的时候，你不应该一味地去抱怨，而要靠自己的努力来适应现状，并用行动去改变现状。

在生活中，我们需要不断地去适应各种各样的环境，如果不能改变环境，那就必须改变自己。只有这样，才能克服更多的困难，战胜更多的挫折，实现自己的梦想。如果你不能看到自己的缺点与不足，只是一味地去苛求周围的环境，或将改变境遇的希望寄托在改换环境方面，实在是劳心劳神、徒劳无益的事情。

王芳出生于湖北的一个小镇，由于对深圳这座城市充满好奇和向往，于是她毅然离开家乡来到了深圳这座陌生的城市。经过一番奔波，她终于找到了一份工作。但是她慢慢发现现实与理想之间存在着巨大的差距。上班的第一天，她满口的地方口音就成了同事们的笑柄，她总发现那些同事在她背后指指点点。最让她受不了的是，在工作中，自己的一切都显得跟不上队，没有业务能力、实践经验，又缺乏……她觉得这个社会太不公平了，为什么所有的缺点都集中在她一个人身上，心里很不是滋味并满腹牢骚。就这样，经历过工作和生活的一连串不如意之后，她终于选择离开这个城市，因为她觉得这个城市根本不适合他。

王芳的心态让她注定无法在这个城市生存。因为我们不可能要求世界为我们而改变，但是我们可以改变自己来适应这个世界。所以，如果你现在生活的环境让你感到不适应，不要抱怨，而应当改变自己，用爱心和智慧来面对这一切，要努力适应环境，而不是让环境适应你。

总之，生活如一次艰难的旅行，不可能总是一帆风顺，每个人都会遇到这样或那样的困境。在困境面前，每个人都有权决定自己的态度和前途，关键看你是选择一味抱怨，软弱地屈服于环境，还是用毅力去适应环境，使自己变得更为强大。

心有多大，舞台就有多大

有这样一个小故事：

在一个工地上，有三个工人在共同垒一面墙。这时集团总经理刚好路过这里，便打算慰问一下自己的工人，于是便走上前说道："几位大哥，我们聊聊好吗？"听到有人和他们说话，这三个人不约而同地停下手头的工作，转身看着眼前这个斯文的人。集团总经理接着说："请问你们在干什么呀？"听到这话，第一个工人没好气地说："你没看见呀？我们在垒墙。"第二个工人思考了一下回答说："我们在盖一幢楼房。"第三个工人颇有些自豪地说："我们在建一座城市。"

若干年后，第一个人依然还在一个工地上砌墙；第二个人则成为这个工地的工程师和监工；而第三个人，

却成了分公司的经理，也是之前那两个人的老板。

这个简短故事的寓意是：我们的人生好比一个大舞台，每个人都是台上的主角，但是你的舞台有多大，那就要取决于你的心有多大。要知道，一个人的潜能是无限的，如果你总是抱着更大的理想和信念，并不断去努力，你就可以占据更大的舞台，也能得到更多的收获。拿破仑曾说：“不想当将军的士兵不是好士兵。”凡事只要你想，你就一定能做到！

可见，人的心境能决定一个人的命运：有什么样的期望，你就会选择什么样的信念；有什么样的信念，你就会选择什么样的态度；有什么样的态度，你就会采取什么样的行动；有什么样的行动，你就会得到什么样的结果。因此，要想让结果变得更好，先让行动变得更好；要想让行动变得更好，先让态度变得更好；要想让态度变得更好，先让信念变得更好；要想让信念变得更好，先让自己选择更高的自我期望。

法国著名的媒体富翁巴拉昂在临终前留下了一份很特别的遗嘱——不管是谁，如果能揭开“贫穷之谜”，那么他将获得100万法郎的奖励。

巴拉昂为什么要这么做呢？原因就是他以前也是一个穷人。他说他在即将走进天堂的时候，不想把帮助自己成为一个富翁的秘诀带进棺材，于是他把自己的秘诀锁进了保险箱，等待那个智慧的人来开启。

为了保证秘诀的安全和此项奖励的绝对公正，巴拉昂这个保险箱的钥匙有3把，一把让他的律师保管，另一把交给了一个公证人，最后一把则留在他的助手手里。

在巴拉昂去世之后，他的遗嘱被登在了报纸上。也许是100万法郎的奖金诱惑，一时之间，这份遗嘱引起了一阵思索“穷人最缺少的是什么”的热潮。人们纷纷将自己的答案寄给他的律师，希望自己能够成为那个幸运儿，获得那笔巨额奖金。

直到回答问题的截止时间，巴拉昂的律师、助手以及公证人才把钥匙汇集在一起，然后打开了保险箱，公布了巴拉昂的秘诀——穷人最缺少的是野心，即成为富人的野心。

在众多的回答者中，他们发现，只有一个叫蒂勒的小姑娘答对了这个问题。于是，蒂勒成了唯一的幸运儿，得到了100万法郎的巨额奖金。

虽然巴拉昂的秘诀并不一定就是金科玉律，那也只是他自己的看法，只能代表一部分人，但是不得不说这个答案很有代表性，这也说明了一个问题，那就是穷人之所以成为穷人，那是因为他们没有想要成为一个富人的野心。换言之，就是穷人打心底将自己定义为穷人，从而给自己设下了一个限制，认为自己一辈子只能做一

个穷人，成不了富人。

安贫但不守贫，其实有野心并不是一件坏事。一个有野心的人，一定是一个不安于现状的人，他们不会满足于自己现阶段所取得的成就，他们觉得自己还能得到更好的，他们觉得自己能够取得更大的成功，往往这样的人最有可能成为出类拔萃的人。

人生是一个不断选择和奋斗的过程，生命的价值，在于不断地超越自己。罗斯福曾说过："杰出的人不是那些天赋很高的人，而是那些把自己的才能在可能的范围内发挥到最高限度的人。"我们只有不断地超越自己，才能保持最佳的精神状态，迎接新的挑战。超越自己，就是不断地放弃，不断地创新，不断地跨越，不断地延伸，不断地否定自己，认识自己，向自己挑战。来看下面这个故事：

很多人一提到美国的西点军校，都说那里简直就是人间地狱，因为那里有出了名的魔鬼训练法，几乎是常人难以承受的。但是那些进入西点军校的人，他们却说那里根本不是大家想象中的地狱，他们也只不过是在训练中不停提醒自己"你可以做得更好"。

其实这都得益于在新学员报到时，西点军校的教官们都会为他们准备这样一堂特殊的课程：那些考官会在演示板上画一道斜坡，然后在坡上标出若干标识。这时他会指着最下面的标识喊道："这里就是你们当前的位置。"然后指着正中间的一个标识喊道："这里是你们家人希望你达到的目标。"最后指着最上面的标识喊道："这里才是你们心目中的目标，对不对？"每当这时，下面人的第一反应都是大声地喊道："是的，长官！"但这个时候，他又会把斜坡向上延长，然后在最末端又点上一个重重的点，吼道："你们这些笨蛋，现在再看看你们的目标在哪里？"大家默然无语。这时他会接着吼道："在这里，你们的目标永远没有尽头，记住，你永远要比你想象中的强大！"

西点军校的学生之所以能够战胜"魔鬼训练"，就是因为在精神上他们始终相信："只要你真的想要，你就一定能做到！"这也促使他们不断突破身体的极限，不断追求着更高的目标。每个人身上都有巨大的潜能没有开发出来，如果一个人敢于向自己以往的表现和能力水平挑战，当遇到困难时，便会尝试运用新的方法来解决它。经过不断学习，他的能力就会有所提高。

可见，一个人不论才能大小，天赋高低，只要他有远大的抱负和坚定的自信力，那便更容易获得成功；只要有崇高的理想，并坚信自己一定能做到，就能够成功。反之，若认为自己只能这样，不相信自己，那就绝不会成功。一个人的成就，绝不会超出他自信所能达到的高度。

高尔基说："一个人追求的目标越高，他的才力就发展得越快。"在自己的心目当中，你认为自己是什么，最终你就会是什么。不论过去怎么不幸，经历过什么样的失败，那都不重要，重要的是你对未来必须充满期望。总之，只要你怀有伟大的梦想，并为之奋斗，就一定会描绘出属于自己的蓝图。

想收获不凡，就要有“冒险精神”

在弱肉强食的非洲大草原上，有这样一个片段：

傍晚的草原显得异常宁静，然而在这一片宁静的背后却酝酿着一场血腥的杀戮。几只羚羊悠闲地啃着青草，它们完全没有发觉距离不到一百米的草丛中有一只猎豹正紧紧地盯着它们。

猎豹静静地伏在草丛中，慢慢地靠近，终于时机到了，它突然发起攻击，像离弦的箭一般冲了出去，迅疾的身影卷动蒿草呼呼生风。在这种弱肉强食的恶劣环境中，羚羊们显然也练就了敏锐的识别能力。猎豹一冲出来，羚羊们已然惊觉，迅速四蹄腾空，飞奔起来。

猎豹的奔跑速度明显胜过羚羊，它锁定一个目标，而且与它的距离越拉越近。就在这时，意想不到的事发

生了，这只被锁定目标的羚羊明知自己在劫难逃了，便打算索性一搏，于是它竟放慢了速度，还不时回过头来看看身后追赶的猎豹，显得从容淡定。

见此情形，猎豹显然是大吃了一惊，倏地慢下了脚步。然后悻悻地看着这只羚羊，而后又象征性地追了几十米，便放弃了这次猎杀。

这个奇迹的发生，源于这只羚羊的冒险行为，正是凭借毫不畏惧、放手一搏的决心，才让它免于死亡。有人说我们的生命就是一场冒险，活得精彩的人往往是愿意去冒险的人。在很多情况下，强者之所以成为强者，就是因为他们敢为别人所不敢为。因此从某种角度上可以说，“冒险精神”就是人生的价值所在，也是一个人能否取得成功的关键因素。弗雷德里克·兰布里奇说过：“如果一生只求平稳，从不让自己去追求更高的目标，从不展翅高飞，那么人生便失去了意义。”

历史上那些有着卓越成就的人，都是敢想敢做的人，这也让他们最终取得了成功。如哥伦布发现新大陆；诺贝尔和居里夫人的以身犯险，让他们造福人类；哥白尼、布鲁诺等抱着被绞死的危险，让荒诞的“地球中心说”不再延续；等等。马克思说：“如果什么事情都要保险绝对成功才可去做，那么创造历史也就太容易了，可天下哪有此等容易的事！”可见险中亦有夷，危中亦有利，要想有卓越成就，就应当敢于冒险！

1945年的春天，美国费城的一位乡村农场主皮特，要在费城最大的报纸上刊登对他的农场进行报道的文章。记者以为皮特的生意一定十分红火，结果赶到农场，令他大吃一惊，原来皮特并不知道自己在干什么。皮特听人说，加工牛奶非常赚钱。他就花了500万美元购置了机器，结果损失严重。皮特走投无路，想让记者为他做做文章，看看谁还能跟他一起生产牛奶。记者拒绝了皮特的请求。

当时人人都认为皮特是在胡来。可谁也想不到，皮特不知又从哪里听到加工牛奶的机器也可以生产氨基酸。皮特又冒着风险转向了氨基酸的生产，皮特同样不懂得氨基酸，但他却为此再次贷款200万美元。

人们都觉得皮特做事太不谨慎，办企业怎么能像种小麦？果然，皮特的生产再次受到重挫，整个农场也因此垮了下来。正在大家为皮特叹息时，一个商人跑来，要与皮特合作。所谓的合作，就是要皮特的一半利润，条件是帮着皮特推销产品。但如果对方推销不出去，皮特也要付给对方相应的报酬。

人人都认为这是一个骗局，太不平等了，劝说皮特不要上当。可是皮特又接受了这个近乎荒唐的合作。这次记者来了，将皮特如此鲁莽的行为报道了出去，大家

都笑皮特胆子太大，这哪是办企业？明明是在砸锅卖铁！

但谁也没有想到，皮特的命运却从此被改变，他的产品迅速涌向全美。在短短三年的时间里，皮特竟然成了亿万富翁、全美最大的氨基酸厂商。后来，皮特又转向了房地产开发，他同样不懂得房地产是怎么一回事。投资房地产，在美国风险很大。人们都说，这次皮特一准儿赔得只剩下一条内裤。皮特因为不懂，而接手了一项谁都认为没有利润可赚的老年公寓。皮特当年确实赔了钱。可没想到，在过后的五年里，正赶上全美老龄化的高峰，费城也是一样，皮特的老年公寓大受欢迎，价格猛增，皮特不但狠狠赚了一把，还由此成了当时最走红的房地产经营商。

皮特自己曾说过："别人因为干什么都懂而发财，我是因为什么都不懂而成名。"事实上，很多的成功人士都和皮特有着相似的经历，他们的成功并不在于他们懂得什么，而恰恰是由于他们当初什么都不懂。正是由于他们什么都不懂，顾虑才更少，所以才会大胆地抓住瞬间而至的宝贵机会。有这样一个故事：

有一天，两个农夫在路上碰到了一个神仙。那个神仙渴了，于是他们便把自己的水都给他喝了。喝完水之后，那个神仙为了表示感谢，答应他们可以问自己一件事。他们都是农民，于是都请神仙告诉他们，今年的年头是否能够风调雨顺。最后神仙告诉他们，今年的年头也许会大旱，也许会大涝，叫他们种庄稼时注意。

到了播种的季节，第一个农民还是和往年一样，在一块地上种上了水稻。之后他问另一个农民：“你种了水稻了吗？”另一个农民说：“我不敢种，万一不下雨怎么办，我要确保安全！”过了一段时间，第一个农民依然和往年一样，在另一块地上种上了棉花。之后他又问另一个农民：“你种棉花了吗？”另一个农民说：“我不敢种，万一今年大涝，棉花生虫子了怎么办，我要确保安全！”

一年过去了，由于雨水太多，第一个农民的棉花泡汤了，但是他的水稻却获得了大丰收。再看另一个农民，他由于什么也没种，要不是第一个农民送给他一些稻米，恐怕他连吃饭都困难了。

很多事，如果我们一直要等到完全确定之后才开始行动，一定成不了大事，甚至已经失去了生活的意义。每种行动都可能会有错误，每个决定也都可能行不通，但是我们千万不可因此而放弃了我们所要追寻的目标。我们必须要有面对错误、失败，甚至屈辱的勇气。

心理学家在调查中发现，许多人为了成就他们所面临的事业，长年学习和要去掌握的，原来都是围绕着如何提高自己胆量的学问。他们终日在心里默默训练的那个东西，原来也是胆量。他们说的要全面提升素质，原来就是如何提升自己的胆量。但凡伟大的成就，也只有有胆量、不怕挫折的人才能实现。

当然我们所说的冒险并不是像赌博那样完全靠运气，而是靠理智。倘若明知不可为而为之，一点成功的概率也没有，就冒失轻率地干起来，这就不是冒险，而是盲动，便等同于自杀。因此冒险也要建立在科学分析、理智思考和周密准备的基础之上。在我们打算行动之前，要仔细研究各种情况，在心里想象你可能采取的各种行动方向，与每一种可能产生的后果，选择一种最可行的方向，然后再放手去做。

信心与勇气是我们的自然本能，我们都会感到自己有表现信心与勇气的需要，不管在哪一方面。如果我们有信心而且怀着勇气行动，我们就是在以上帝所赐的创造天赋做赌注，在为自己赌一个注定不会平凡的未来。总之，我们要记住，要想成就不凡，那就要有冒险精神。

任性的人生需要自导自演

在现实生活中，我们很容易在别人意志的指挥下生活，从而在别人划定的范围之内兜圈子。这些人可能是自己的父母、朋友或是领导等，可不管是谁，一旦在众多异样目光的影响下，你总是担心他们会怎么看自己，便会轻易选择放弃自己的梦想。其实梦想是我们自己的，我们应该有自己的主见，只要我们足够理智，并清楚自己所走的路，那我们就没必要瞻前顾后，受别人意见的左右。

从前有一位年轻的将军，因为打了一场败仗，国王大怒准备处死他。可王妃觉得直接处死他太没意思了，于是问了那位将军一个问题："一个女人在什么时候才最伟大？"王妃答应给他三天的时间去寻找答案，否则便

被凌迟处死。

这位将军回到家中，开始仔细寻找答案，他几乎问遍了所有能问到的人，依然毫无结果。就在绝望之时，一个算命先生对他说，在离这里不远处的一座深山里住着一个丑陋的巫婆，她知道世间的一切事情，可是要想得到答案要付出很高的代价。将军没办法，只得带上很多礼金，前去深山拜访女巫。当他看到女巫的样子时着实吓了一跳，只见她：驼背、丑陋，身上还散发出阵阵恶臭，简直就是一个恶心的怪物。可为了保住自己的这条性命，他也只能谦恭地向她请教问题，并表示出多少钱都愿意。谁知这个丑巫婆仔细打量了一下眼前这个人，怪声怪气地说："除非你娶我，否则免谈！"将军呆呆地怔在那里，半天无言以对，最后冷静地想了一下，觉得娶她总好过杀头，于是便答应了。

后来，这个巫婆给出了问题的答案：能主宰自己命运的女人最伟大。她还教了将军一些应对国王和王妃的方法，使他保住了性命。将军被女巫的智慧折服了，出于先前约定，再加上对她的感激，他们的婚礼照常举行了。婚礼当天，很多人都来看笑话，但是这位将军自始至终都没有冷落这位丑陋的新娘，反而在众人面前更加尊重和关心她。众人散去，回到洞房之中的将军却被眼前的一幕惊呆了：那个丑巫婆——他的妻子竟变成了一个美丽的少女。但是还没等他回过神来，她就说自己在一天中，只有一半的时间会变得美丽，并叫将军选择在白天变美还是晚上变美。由于受先前的启发，这位将军叫她自己主宰自己的命运，并尊重她的任何选择。后来这位将军的妻子竟选择“白天比晚上更加美丽”。

这个故事告诉我们：自己的命运完全掌握在自己的手中，一个能掌控自己命运的人，才能活出人生的精彩。然而在现实生活中，要把握自己的命运却并非一件易事，如父母总希望我们成为他们理想中的样子，他们有时候根本不顾及我们的兴趣，并完全按照他们的理想来规划我们的人生。于是，很多人的理想与追求从小时候起就被其父母永久地压制了。看下面一个故事：

达尔文在很小的时候就对动植物产生了特别浓厚的兴趣。到了该上学的年纪，达尔文的父亲希望他学习宗教，从事神学研究，可达尔文对枯燥的宗教经典非常厌烦。就算面对父亲“不学无术”的训斥，他依然固执地坚持自己对动植物的观察和研究。后来，他竟然不顾父母的反对，跟随一艘环球航船走遍了世界。这期间每到一个地方，达尔文都仔细地观察那里的动物、植物以及地质构造，并采集了许多标本，写下了大量的笔记。当他航行归来时，带下船的动植物标本、地质岩石样品足足装了几驾马车。他经过仔细地整理与研究，终于发表了震惊世界的《进化论》。

达尔文的坚持，出于他的自信。爱默生在《谈自信》一文中有一句名言："要成为一名顶天立地的男子汉，就必须不随波逐流。"在生活中，做一个随波逐流的人，比依照自己的鼓点节奏前进的人要容易得多。要做到无论何时都能够把握住自我，不管大家现在都做些什么，也不管目前正好流行什么，都需要相当的自信与独立的精神。有这样一个故事：

从前有一只蝎子掉进了池塘，正当它在水里苦苦挣扎之际，一位禅师刚好经过此处看见了眼前的一幕。那位善良的禅师马上决定救起这只蝎子，于是他便俯下身，伸出手去捞那只蝎子。谁知他的手刚刚碰到那只蝎子，马上就被它蜇了一下，禅师疼得下意识地把手缩了回来。禅师顿了顿，又换了另一只手去捞那只蝎子，可他又被蜇了一下，他又下意识地把手缩了回来。

这时一个过路人，刚好看见了禅师的一举一动，于是他走上前说："大师，这小畜生已经蜇了你两次了，就让他淹死算了，何必救它？"禅师起身，不紧不慢地说："施主可知，老衲救它是我们佛心所致，而蝎子蜇我则是它的天性所致。我岂能因为它的天性，而放弃了我的佛性。"说完禅师又俯下身，伸手去捞那只蝎子。但是不知是这只蝎子溺水时间过长，还是它意识到有人在救它，反正这次它并没有蜇人。

这个故事告诉我们：有时我们必须信任自己的直觉，感觉什么是对的，什么是错的，而不要受他人的意见左右。从某种意义上说，我们的自我形象是我们与生俱来的一种宝贵财富，如果某人固执己见，让你过他所安排的生活，那便是想夺走你的这种财富，一旦如此，你的生活也绝不是你想要的生活。

当然，你可以聆听父母、朋友的忠告，可是在最后关头，一定要自己决定该做什么。只要你想做的是在自己的能力、知识范围之内，且不以损害他人利益为前提，那么就应积极地向你的目标迈进，不要让任何人左右你的航向。你只有信任自己的目标，才能最终到达你的目的地。

你的目标和父母、朋友的目标是不相同的，你必须要做你觉得非做不可的事；那是你应该行使的权利。换句话说，要让自信帮助你，并非反对你。要选择自己的事业，因为你相信它的发展。千万不要选择适应别人的事业，那是失败和苦恼的开端。尊重他人坚守的原则，也就是尊重自己坚守的原则。

克劳狄乌斯说："每个人都是自己命运的建筑师。"所以，不要盲目听从别人安排，遵从内心最真实的声音，根据自己的兴趣、爱好和潜质来为自己的未来定位，正确认识自己，然后一步一个脚印地往上攀登，你才不会变成被命运操纵的木偶，你才能把命运的钥匙掌握在自己手中。

第四章
成功的机遇就在当下

只要我们能够抓住机遇，就能达成自己的愿望。所以，我们只有通过自己的努力，才能在机遇降临的时候，机智、果断地抓住它。

机遇稍纵即逝，该出手时就出手

在现实生活中，有很多犹犹豫豫的人，在面对某个机遇或很好的建议时，总是说“我先考虑考虑，仔细筹划一下再说吧”“等我弄明白后再说吧”“等时机再成熟点再说吧”之类的话而这些听起来貌似很有道理、很合乎逻辑的话，就成了这些人不去付诸行动的合理借口，殊不知，就因为他们所谓的“三思而后行”，让他们错失了很多良机。行事虽然要看条件，但这条件却是在动态中不断地变化着，并慢慢地成熟起来的。如果硬要等到条件成熟后再行动的话，那么，等一切都弄明白时，你也就错失了机遇。有这样一个小故事：

一个年轻的渔民独自驾船出去捕鱼。他一边走一边仔细地观察水面上的气泡，因为他父亲曾经告诉过他，

如果水面上的气泡很多，那就说明水里有鱼群。突然，他发现了一片看起来很像他父亲经常跟他描述的鱼群出现气泡。他马上拿起渔网准备撒下去，可这时他心里却又没底了，他觉得还是先弄清楚水里到底有没有鱼群再撒网吧。于是，他决定先潜到水里弄个究竟。当他发现水里果然有一个很大的鱼群时，便马上爬上船把网撒了下去。可当他把网收上来时，却发现渔网里空空如也。

我想大家都已经明白了，这个可笑的渔民，就因为他愚蠢的举动吓走了水里的鱼群，错失了最佳的捕鱼良机。事实上，当很多机遇出现的时候，并不是很明朗，我们只有马上采取行动，它才会渐渐成熟起来。若一味地等待，等时机成熟再去行动，那说明你已经错失了机遇。正所谓“机不可失，时不再来”，我们根本不可能指望错失的机遇再次回到我们身边。

历史上有多少伟人，就是在条件尚不太成熟、前景尚不太明朗的情况下，毅然地选择去大干一番。要是什么事都等到条件完全成熟、前景十分明朗、谁都能看得明白时再去行动，那就没有什么稀奇了，更谈不上伟大。如丁磊在创建网易时，也不可能把所有的结果都看得清清楚楚；马云的阿里巴巴奇迹，也经历过无数的摸索；等等。这些人之所以义无反顾地先投入行动，是因为他们知道这是一个难得的机遇，如果等到所有的时机都成熟了，等到一切都是那么的顺理成章之后，那么他们所做的事情就已经失去了意义。

这也如同做生意一样，你不想冒前期投资的风险，等到百分之百能赚钱的时候你再想投资，那是不可能的，天下哪有这等美事。精明的商人总是说："在生意场上，有了百分之百把握的机遇就等于没有机遇。"有这样一个故事：

某石油公司的一个员工兴冲冲地闯进总经理的办公室，向他报告说："老板，美国总统今天下达了攻打伊拉克的命令了。我认为这场战争肯定会导致世界石油出口量的锐减，所以不出几日石油价格一定会暴涨，您看我们是否马上开始大量囤积石油？"老板一边摇头一边说："你这人忒不理智，仅凭这一个理由，根本还没弄明白国际市场的大势就贸然行动，那万一油价不涨的话怎么办呢？我看还是等势头明朗些再说吧。"

几天过后，石油的价格果然暴涨，老总急忙叫来那位员工说："悔不听你言，现在开始马上大量买进吧！"那个员工却说："老板，现在的石油价格太贵了，已经突破了100美元一桶的大关。我认为，国际石油组织很快就会有相应的对策，所以我们应该尽快把手头的石油出售才是。"那位老板皱着眉头说："说的也是，不过凭我的经验，油价可能还会继续暴涨。这样吧，我们先不采取任何行动，还是等过几天看明白了再说吧。"听到这里，那位员工悻悻地离开了老板的办公室。次日，石油价格开始回落。不久这家公司就倒闭了。

故事中的这家公司，面对两次绝好的机遇都没能如愿把握，终于遭遇倒闭的下场。有时候，机遇在我们面前真的就像流星一样稍纵即逝，等你回过头来时它早已消失得无影无踪。

当然，并不是说任何事情都是只凭着勇气就能做成功的，也不是说任何时候都不用等到条件成熟就可以大胆地行动的。如果真是什么都不顾地莽撞蛮干的话，那就不叫“摸着石头过河”，而叫“抱着石块过河”了。所以我们要尽量根据所掌握的有利信息，若真是属于那种应该立即行动的机遇，我们就不要等，也不必等，立即行动就是了。尽管立即行动不一定能成功，但至少我们会多一次把握机遇的机会，也不至于后悔，不过你一味等待的话，你就根本没有成功的机会。

总之，在条件不成熟的情况下，要学会模糊决策，并大胆地进行尝试，不能等到一切都弄明白后再说，更不能等到条件完全成熟后再去做。要知道，机遇稍纵即逝，学会该出手时就出手！

很多时候机遇都近在眼前

世间所有人都渴望着抓住某个机遇便尽快实现自己的伟大梦想。然而能获得并抓住这种特殊机遇的人，在现实生活中却是少之又少的。不过，生活中普普通通的机遇常常会出现在我们面前，只要我们善于及时把握住它们，并将它们变为有利的条件，一样可以实现自己的梦想。

所谓的机遇，隐藏于生活的各个细节中。我们身边的每一件小事，都有可能蕴含着能开启梦想之门的重大机遇，只不过你没能发现它们罢了。有些人能从一件小事中得到大启示，有所感悟，使之化为成功的机会；而有些人，即使机会放在他面前也不自知。有这样一个故事：

有一次，一位非常著名的演说家在一个大型广场上做演讲，这吸引了很多听众，现场人山人海。演讲结束后，一个穿着普通的女士拦住了那位演说家。

她说："请问先生，我怎样做才能像您一样，也能拥有那么多的机遇呢？"

那位演说家说："您好，女士，您觉得自己目前没有任何机遇吗？"

"是的，先生，我从未得到过任何机遇。"她很沮丧地说。"那您是做什么工作的？"演说家问道。"我在一家餐馆里打工，主要负责刷碗。"她答道。"您做这事多长时间了？"演说家追问。"都已经干了15年了，漫长的15年啊！"她叹了口气回答道。"那您回去后，能否写一篇关于刷碗的窍门的文章寄给我，这是我的住址。"说完那位演说家递上了自己的名片。回去后，她真的结合自己的实际经验，又查了一些相关资料，然后写了一篇关于如何才能刷好碗的文章，寄给了那位演说家。几个星期后，她收到了那位演说家的回信。信封里装着一张剪过的报纸，而报纸上刊登着一篇署着她姓名的文章——《如何才能刷好碗》。受到这个鼓舞，她后来开了一家培训公司，专门培训家庭主妇和餐馆服务员如何清洗餐具，这也为她带来了可观的经济收入。

这个故事告诉我们：只要你善于观察生活，那看似渺小的机遇，就会被你牢牢锁定。可见，有时机遇就在我们眼前，关键就看你能否发现并及时地把握。

很多成功人士正是因为把握住了成功的机遇，才实现了自己的伟大梦想。如世界酒店大王希尔顿看到很多人都在忙于掘金之时，他趁机为他们提供住所——建旅店，很快积累起大量财富；李嘉诚正是看到了地产商机，所以不惜借巨款购买了大量的地皮，终使他成为亚洲地产大亨；等等。有这样一个故事：

从前，有一条河的堤坝被洪水冲垮了，汹涌的洪水马上就向离堤坝最近的一个村庄涌来。眼看洪水就要来临了，村里的人都开始往高地上跑。

就在这个危急时刻，有一个人却坚持不撤离，面对大家的规劝，他却说："我不跑，我相信上帝会救我的。"后来全村的人都撤离了，村子里就剩他一个人还留在家里。

这时洪水已经冲进了他的屋门，他不得已爬上了屋顶。这时有个人划着船要过来救他，他却大声喊道："我不走，不用管我，上帝会救我的。"无奈之下，那个人划着船离开了。

洪水还在上涨，在不得已的情况下，他又爬上了房子边上的一棵大树。这时又有一个人划着船过来要救他，但是他还是拒绝了，并大喊道："我不走，不用担心，我相信上帝不会让我死的。”最后这个人迫于水势也不得不划走了。

后来洪水淹没了整个村子，那个人也被淹死了。他死后就到了天堂，看见了上帝后就很生气地质问上帝说：“为什么我那么虔诚，那么相信你，你却始终不来救我？”上帝并没有生气，反而安详地说：“你仔细想想，我分明已经给了你三次逃生的机会了，而你自己却选择了放弃。”那个人这才后悔自己当初的所为。

故事中的人由于错失了逃生良机，最终被淹死了。生活中，虽说机遇无处不在，但是它们永远不会自己跑到我们面前，也要靠我们自己去发现。机遇经常在生活中若隐若现，也就是说，并不是每一个人一眼就能看到它，从而捕捉到它。潜伏，这才是机遇的最大特性，它不像时光老人那样无私地给予每一个人，机遇只垂青那些有心人。正因为如此，那些成功人士才有这样的感慨：“在众多促成自己实现一步步飞跃的因素中，机遇就像一个装有弹簧的踏板，踩到它，你会被弹得很高很高，甚至让你腰缠万贯。如果你有一双慧眼，发现它，抓住它，成功就会降临；如果你稍有不慎，它又将随风而去，即便你扼腕叹息，它也不会回头。”

石油大亨洛克菲勒刚接触石油行业时，由于自身的学历不高，又没有什么技术，所以被分派到一个相当枯燥和简单的岗位，整天检查石油罐的焊接是否牢固。就这样，没干几天，洛克菲勒就有些厌倦了。但是由于当时的经济环境不景气，他知道自己找到一份工作已经实属不易了，所以他最终决定先安安心心地把眼前的工作做好再说。当时正值该公司在大力推行节约计划，洛克菲勒觉得就算是这种简单的工作也一定有节约之处。于是，他此后更加认真地工作，力求寻找出一个响应节约标准的方案。通过他的仔细观察，他发现每焊好一个石油罐，焊接剂要滴落三十九滴，而他通过反复的试验发现自己只要三十七滴就可以焊好了。但是，这个方法却根本不适用。

当然，洛克菲勒没有灰心，而是更加深入地进行研究。又经过多次测试，他终于研制出“三十八滴型”焊接机。尽管这种焊接机节约的只是一滴焊接剂，可整个公司一年下来所省下来的开支可是一笔几百万美元的巨款。就是这么一滴不值一提的焊接剂，改变了洛克菲勒的职位，也改变了他的一生，让他最终成为石油领域的大亨。生活中的机遇无处不在，关键就看自己是否有发现机遇的敏锐眼睛和把握机遇的睿智手段。其实，机遇对每一个人都是公平的，不存在厚此薄彼的问题。这就像阳光雨露会洒向到大地上的每一块地方一样，问题在于你能不能发现它，抓住它。机遇也是稍纵即逝的，你不及时抓住它，就会与它失之交臂，正所谓“机不可失，时不再来”。

总之，我们要大力培养自己的机遇意识，多从生活的细节之处发现自己的机遇。如果你能够用智慧的双眼去观察生活，用敏锐的心灵去感知生活，那么属于你的人生梦想早晚都会实现。正如人们所说：“只要你是锥子，哪怕是放在口袋里，年长日久，也会冒出尖来。”

机遇总跟着积极主动的人

有这样一个故事：

从前有一位进京赶考的秀才，在即将考试的前一天晚上，他做了两个梦：第一个梦是梦到自己在墙上种了一棵大白菜；第二个梦是梦见自己在下雨天时，戴了个斗笠，但是还撑着一把伞。

他总觉得这两个梦跟他这次考试有关系，说不定这是考试结果的先兆，于是他就去找算命的解梦。谁知那个算命先生一听，马上叹息道："不妙不妙，我劝你还是放弃这次考试吧，你想啊，在墙上种白菜不是白费劲吗？戴斗笠打雨伞不是多此一举吗？"

秀才一听，心灰意冷，觉得算命先生说得有理，于是他回到客栈后就准备收拾行李回家。这时那位店老板

看见秀才在收拾东西，便好奇地问："小伙子，不是明天就考试了吗，你收拾行李干什么？"秀才无奈，便把之前的事情向店老板叙述了一番。只听店老板哈哈大笑道："算命先生的鬼话你也能信，要是那样的话我也能解梦，你想想看墙上种菜不是'高中'吗？戴斗笠打伞不是'有备无患'吗？"秀才一听，也很有道理，于是想来都来了，为何不试试呢。第二天他打起精神投入了考试中去。几天后皇榜张贴出来了，而他的名字居然在前三甲之列。

机遇对每一个人来说都是公平的，但是积极主动的人，更容易抓住转瞬即逝的机遇，获得成功；消极等待的人，只能被动地被命运牵着鼻子走。这就是为什么有的人能够功成名就，而有的人却几十年如一日，在盲目和彷徨中度过每一天的主要原因。正如莎彬所说："空等机会的到来，优秀的人是不会这样做的，他们通常是寻找并抓住机会，把握机会，征服机会，让机会成为服务于他的奴仆。"

在现实中，很多人往往都有这样的感叹：某些人在某方面取得成功时，觉得他们并没有什么了不起，如果换成自己去做，一样能够取得成功，而且会做得更好，能获取更多的财富。但是，终究他们只是坐在那里感叹，而没有迈出哪怕是一小步。看来机会永远不会去拜访那些坐在原地一动不动的人，因为即便给他们机会，他们也不会去把握，而抓住机遇的唯一窍门就是动手去做。

一个知名学者在某重点大学曾做过一场极其生动的演讲，演讲的开场白令每个人都莫名其妙。

那位学者一上讲台便对台下的听众喊道："同学们，请你们抬起自己高贵的屁股，因为在你们的座位下有一个小小的惊喜正等着你们。"很多人半信半疑地开始在自己的座位底下翻找，然而令大家深感意外的是：他们真的在自己的椅下发现了钱，有的人拿到五毛，有的人拾到一块。现场开始一片哗然。

这时那位学者接着喊道："这些小钱归你们了，权当这次演讲的纪念。不过我还想问一句，你们知道我的用意是什么吗？"

现场安静下来，所有人都在摇头。见此情形，这位学者接着说："我只不过想告诉大家一个最简单的道理——坐着不动，你永远也不可能赚到一分钱……"

很多时候，梦想中的生活其实离我们只有一步之遥，但正是因为没有"机遇意识"，我们始终没有果断地去行动，只是看着那些因"行动"而取得成功的人，独自坐在一旁感叹，感叹自己并不比别人差，只是"坐着不动"而已。

总之，只有行动起来，才能把握机遇，才有机会成功。否则，一切都将会是空谈。

其实，无论我们的起点是哪里，无论我们现在的境

遇如何，关键是要培养自己的机遇意识，积极采取行动，才能有所收获。

俗话说：“宁可做过，莫要错过。”这是成功对待机遇的一贯态度和行事准则。犹豫不决，思前想后，或者等待别人把自己推到或安排到与机遇相遇的交叉点上，这样做的结果多数会一事无成，这样的人，也永远不可能实现自己的梦想。

机遇总是留给有准备的人

机遇总是留给有准备的人是一个不变的真理。机遇存在偶然的成分，而有所准备去捕捉机遇便会把这种偶然变成必然，可见没有准备就很难抓住机遇，而有准备的人总能轻易地遇见并抓住机遇。所以我们不要心存幻想，幻想着偶然的机遇一下子就能改变我们的命运，这几乎就是天方夜谭，因为机会只光顾有准备的人。

中国有句古话，说："台上一分钟，台下十年功。"有些人常羡慕别人的机遇好，羡慕命运对别人的青睐，羡慕别人的成功，而他们却从来没看到，在这些荣耀和鲜花背后别人所付出的艰辛和准备。杨利伟不知经过多少次艰苦训练和模拟训练，才成功成为中国进入太空的第一人；费莱明若不是一个对葡萄球菌有着透彻研究的

细菌学专家，仅凭一次意外地粗心大意，是不可能成为青霉素的发现者的；爱迪生如果不是通过无数次试验，证明上千种材料不能做灯丝，并一直倾心于此项研究，他也不可能发现适合做灯丝的钨；等等。还是看看大商人奥纳西斯的故事吧，他会告诉我们，什么叫作“机遇是给有准备的人准备的”。

提起制船业，奥纳西斯绝对是个大名鼎鼎的人物，他是闻名于世的希腊船王。但年轻时，他只不过是一个流浪在阿根廷的穷小子。

1929年，由于整个世界都处于战争和经济危机的阴霾之中，阿根廷局势同样也出现了波动，工厂倒闭、工人失业、民生凋敝、百业萧条，海上运输业也在劫难逃，可谓陷入了一个看不到底的深渊。面对这样的环境，所有人想的就是退，尽可能地减少损失。

不过，奥纳西斯却没有这么盲从，他开始细心地观察市场变化，寻找属于自己的机遇。一次，他得知加拿大国有铁路公司为了度过危机，准备捐卖产业，其中6艘货船十年前价值200万美元，如今每艘仅以2万美元低价出售。

这个消息，让奥纳西斯兴奋得夜不能寐。他立刻买了机票，奔赴加拿大，去谈这笔生意。

不过，奥纳西斯的举动，引起了同行们的一致反对。他们认为奥纳西斯太不理智了，这无异于把钞票白白抛入大海，经济危机让每一个人都在想尽办法卖东西换钱，只有他还傻乎乎地用钱去买东西。

众人的劝说，并没有阻挠奥纳西斯的脚步。因为他看到，经济的复苏和高涨终有一天会代替眼前的萧条，随着经济的振兴，货运运输必将重新获得高额利润。于是，他果断而坚决地做了下去。

果然，不出奥纳西斯所料，经济危机过后，海运行业迅速恢复了生机和活力。一夜之间，从加拿大购买的那些船只的身价比过去高出了数倍。奥纳西斯毫不犹豫，将它们全部卖出，一下子收入了上千万，立刻成了海上霸王。

所有的人都在考虑如何才能渡过经济危机，只有奥纳西斯考虑的是经济危机这股寒流终会过去，“我需要在冬天就准备好种子，一旦春天到来，我的种子就可以第一个发芽。”站得高，望得远，有足够的细心来分析市场，这让奥纳西斯把握住了这次机遇，从而创造了自己的财富帝国。而他发迹的年龄尚不到40岁，这不正是你所奋斗的榜样吗?

所以，想要成功，就得抓住机遇，就得像奥纳西斯一样，从现在开始收拾好行囊，做好准备，当机遇叩响你的门扉时，就会沉着地应和一声，踩着它的节拍，旋转而去。千万不要眼睁睁地看着它，在悠忽之间，从你身边姗姗飘过，而你却无能为力。没有耕耘就没有收获，有人把科学家的重大发现、发明的原因归结为偶然的机遇，这实在是一个谬误。法国著名微生物学家巴斯德指出：“在观察的领域里，机遇只偏爱那种有准备的头脑。”有这样一个故事：

有一个人死后见到了上帝便开始抱怨说：“主啊，我这一辈子活得太平庸了，您为什么不让那个神奇的苹果砸到我的头上呢，那样我一定能取代牛顿成为一个更伟大的物理学家。”仁慈的上帝说：“那好吧，如果你想，那我就再给你一次证明自己的机会。”话音刚落，他便回到了当时牛顿得到提示的那颗苹果树下。这时一个苹果落了下来，刚好砸在了那个人的头上。谁知他捡起苹果，随便擦了几下，竟把那个苹果给吃了。上帝叹了口气决定再给他一次机会，于是一个更大的苹果又砸在了他的头上。这次他被砸疼了，他气急败坏地把那个苹果扔了出去。苹果飞了出去，正好砸在不远处的牛顿头上。牛顿捡起苹果，马上若有所思。转眼间这个人又重新回到了上帝身边。仁慈的上帝笑着说：“机遇就摆在你面前，可你却根本没准备好去迎接它，这就怪不着谁了。”那个人默然无语。

有一句格言说得好：“幸运之神会光顾世界上的每一个人。但如果他发现这个人没有准备好迎接他时，他就会从大门走进来，然后从窗子飞出去。”每个人都有机遇，但是如果你没有准备好去迎接它，它就有可能与你失之交臂。还有一个故事：

有两个女生是好朋友，她们都是学美容专业的，毕业后又同去一家知名化妆品公司面试。初试的时候，她们虽然都勉强过关了，但是接下来三天后的复试能否通过，她们自己也不知道。

接下来的三天时间里，有一个女生开始在网络上查看相关化妆品的信息，并根据自己的想法做了一些简单的总结。之后她他又抽出一天的时间到这家公司的某个直营店去“侦查”，她仔细注意着产品的特点、顾客的喜好、客流量的大小和工作人员的推销手段等，她几乎在这个店里泡了一整天。而另一个女生，在这三天时间里，几乎除了上网就是睡觉。

复试当天，第一个女生特意买了一套职业装穿上，还恰到好处地精心打扮了一番，甚至在面试即将开始的时候她还偷偷嚼了一块口香糖。

主持这次面试的是那家公司的副总，当轮到第一个女生面试的时候，她把这几天的所见所感都说了出来，但是那个副总听了还是直摇头，她觉得自己肯定还是失败了。果然听完她的陈述，那位副总说：“对不起，女士！你刚才讲的尽管有些很有道理，但是和我们公司的理念还是有些差距……”她打断了那位副总的话说：“没关系的，我本来也是个外行。”正当她打算起身离开时，那位副总用手势示意她坐下，并接着说：“你别着急，听我把话说完，尽管你现在不是复试中最优秀的一个，但你是所有应聘者中唯一肯花时间到商店去看我们产品的人，所以你明天来上班吧，我相信有准备人，日后也一定会成为一个优秀的员工。”就这样，她是这次复试中唯一通过的人。

可见，机遇总是留给有所准备的人。在生活中，我们经常会听到一些人在抱怨没有机会，或抱怨错过了机会。为什么会这样呢？这是因为，机遇从你身边擦身而过，而你却没有发现。机遇总是稍纵即逝，只有那些细心的人，才会发现机会；只有那些细心的人，才能捕捉到机会。而对于很多人来说，不够细心恰恰是他们身上最大的一个毛病。正是因为不够细心，他们才看不清机遇在哪里，更看不清机遇背后的真相。

人生对大多数人都是公平的，它给了大家一样的机会。但人生又是不公平的，因为它只把机会留给有准备的人。人生最重要的不是所处的位置，而是所朝的方向。任何偶然的成功，其实都有必然的基础，这个基础就是堂堂正正地做人，踏踏实实地做事。

弱者等待机会，强者创造机会

有这样一个故事：

一天，一个农民的驴不慎掉进了枯井里。起初，驴和农夫都十分着急，但是由于那个枯井实在太小了，驴又太重，实在无法将它弄上来。万般无奈之下，农夫决定填满枯井，作为自己那头驴的坟墓，毕竟驴子也老了，它曾为他出过很多力，这也算善终吧。当土被撒下井底的时候，那头驴明白了主人的用意，但它还不想死，于是开始在井中惊恐地大喊大叫。那个农夫虽然伤心，但也没有停手。谁知过一会儿，井中就突然安静了。农夫以为那只驴也放弃了挣扎，为了让它早点解脱，于是加紧填埋。一会工夫，农夫累了，开始坐下来休息，当他不由地向井里望去时，却惊奇地发现自己的

驴子正在不停地抖落背上的土，然后用蹄子将土踩实，这时他的驴子已经离井口不远了。看到这个场景，农夫来了劲，又开始往井里填土，不一会，那头驴子就跃出了井口。

这头驴子能够生还，完全是它自己创造的机会，否则它难逃被活埋的厄运。一个真正想成功的人，只靠抓住机遇还是不够的，还应当学会去创造机遇。在这个世界上，弱者永远在等待机遇；强者会抓住机遇和创造机遇；而蠢才会选择放弃机遇。所以能够主动发现机遇、抓住机遇、创造机遇的人，往往都具有敏锐的洞察力和预测能力，也无疑就是这个社会的强者。因此，我们需要不停地给自己灌输这种强者意识。

在人才辈出、竞争日趋激烈的当下，机会一般不会主动找到我们，很多时候只有我们去让更多的人认识自己，才能为自己创造机会，进而获得渴望中的机遇。古今中外很多成功人士，都是创造机会的高手。比如，诸葛亮若非自比管仲、乐毅，可能不会获得刘备的青睐；英国著名科学家法拉第，通过向著名化学家戴维毛遂自荐，才使他有了非凡的成就；拿破仑虽然才华横溢，却得不到重用，但他在一次镇压政变的军事斗争中，通过充分发挥了自己的军事才能而一举成名……

在日常生活中，有些人总希望有一个突然的机遇让自己从此步入成功人士的行列。事实上，这种侥幸的机遇几乎是不存在的，所有的机遇都是要靠自己的努力和实力去争取的。历史上的亚历山大大帝在攻下一个要塞之后，有人问他，假如有机会，他想不想攻占第二座城市。听到这句话，亚历山大怒吼道："你说机会？机会都是我自己制造的！"有这样一个故事：

第二次世界大战结束后，面对不景气的社会经济环境，很多人都处于失业状态。这时候在美洲的一个小岛上掀起了一场寻宝热，传说那个小岛上有座金山，所以很多穷人都慕名涌向这个小岛。约翰就是其中的一位。由于离小岛比较近，所以他是最先开始登岛寻宝的人之一，可他先后登岛几次，都是空手而归。面对巨大的生活压力，约翰觉得自己应该换个思路想一想。一天他坐在海边，他发现很多慕名来寻宝的人都滞留在海边，等待稀缺的渡船。看到这个情景，约翰马上想："何不弄条渡船来载客。"于是他马上回到家里，几乎倾尽了所有的积蓄买了一条渡船，开始做起了摆渡生意。络绎不绝的寻宝人，让约翰的钱包很快鼓了起来。此后，他又陆续买了几条船，几乎垄断了这里的摆渡生意。几年之后，寻宝热度渐渐冷了下来，人们发现所谓的金山也许只是一个传说，但是约翰却利用这次机会积累起了一座属于自己的"小金山"。

故事中的约翰，正是通过自己创造的机会而成为富

有的人。既然在这个世界上生存，就意味着上帝赋予了你奋斗进取的特权，你要利用这个机会，去追求成功，充分施展自己的才华，那么这个机会所能给予你的东西要远远大于它本身。然而，要想让机遇真正成为成功的敲门砖，就必须知道该如何寻找机遇、如何捕捉机遇。主动出击，努力为自己创造机会，你才有可能乘着东风，在成功的天空中翱翔。

在石油行业，约翰·洛克菲勒就是一个创造机遇的传奇。很早之前，他就注意到了某个石油储藏非常丰富的国家。由于这个国家的石油冶炼和加工方法十分原始，不仅产量非常低，而且使用起来也不安全。他觉得这正是一个千载难逢的发财机遇。

于是，他先是找到了塞缪尔·安德鲁，这个曾经与他在一个机械厂共同工作过的维修工，成为他的一个合伙人。洛克菲勒利用他的合伙人发明的新的冶炼加工方法，开始冶炼出了他们的第一桶石油。由于他们冶炼出的石油质量好，生意很快红火了起来。

但是过了不久，安德鲁对现状不满，他表示希望退出合伙关系。洛克菲勒问他："你想要什么作为补偿呢？"安德鲁漫不经心地将自己的要求写在一张纸上："一百万美元。"洛克菲勒不到二十四个小时就将这笔钱递到了安德鲁的手中，然后说："你只要一百万美元，而不是一千万，要价真的不高。"

此后，这个固定资产只有一千美元的不起眼的小冶炼厂在短短的二十年中，竟像滚雪球般地迅速成长为一个托拉斯——美孚石油公司，股票价格也升至每股一百七十美元，总资产达到了九千万美元，而公司的市场价值则高达一亿五千万美元。

洛克菲勒的成功同样也源自他自己发现和创造的机遇。而创造机遇的关键还是去付诸实践。俄国最伟大的文学家托尔斯泰说："世界上只有两种人：一种是观望者，一种是行动者。前一种人总是抱怨自己周围的环境有多么不尽如人意，阻碍了自己的发展。工作丢了，怪领导没眼光；人情冷漠，怪同事不友善；还抱怨住房不好、交通不便、行业前景不佳等。他们将这些责任一股脑儿地都推给社会，总是苛求客观因素的不如意；而自己完全像没事人似的，主观上不作为。随着岁月的流逝，年龄的增长，终才发现自己一事无成。而后一种人，从来不埋怨现实的残酷，只是用自身的行动去努力地适应环境，在前进的道路上不畏艰险，最终做出成绩来……"

犹豫不决的人和软弱的人总是借口说没有机遇，他们总是喊："请给我机会！机会！"其实，每时每刻每个人的生活中都充满了机会。你在学校或大学里的每一堂课是一次机会；每一次考试是你生命中的一次机会；每一个客户是一次机会；每一个病人对于医生都是一次机会；每一篇发表在报纸上的报道是一次机会；每一次商业买卖是一次机会，是一次展示你的优雅与礼貌、果断与勇气的机会，是一次表现你诚实品质的机会，也是一次交朋友的好机会；每一次对你自信心的考验都是一次机会。

勤劳的人永远在孜孜不倦地工作着、努力着；只有懒惰的人才总是抱怨自己没有机会，抱怨自己没有时间。从琐碎的小事中，有头脑的人能够寻找出机会，而粗心大意的人却轻易地让机会从眼前飞走了。有些人像辛劳的蜜蜂一样，从每一朵花中吸取琼浆，在其有生之年处处都在寻找机会。对于有心人而言，每一天生活的场景，每一个他们遇到的人，都是一个机会，都会给他们的个人能力注入新的能量，都会在他们的知识宝库里增添一些有用的知识。

同时间赛跑，做执着的乌龟又何妨

在这个世界上，凡事都有回旋的余地。但是有一种东西，一旦失去便无法挽回，那就是时间。水满则溢，月满则亏，一个人将最终走向死亡，这些都是必然，而时间却总是那么一如既往。但我们不能因此而向时间认输，反而要在自己的人生之路上与其展开一场竞赛。尽管我们不可能跑得过时间，但在这过程中我们依然会受益无穷，并谱写出美丽的人生。华罗庚说："时间是由分秒积成的，善于利用零星时间的人，才会做出更大的成绩来。"

人生看似漫长，实则只是弹指一挥间的事，许多伟大的人正是看到了这一点，才为了自己的梦想不惜一切同时间赛跑。如李时珍三十年如一日，才著成了医学巨

作《本草纲目》；化学家诺贝尔废寝忘食，在四年里做了几百次试验，终于发明了炸药；巴尔扎克每天奋笔疾书十六七个小时，终为我们留下文学巨著《人间喜剧》……这些血汗的结晶都是他们在时间的竞争中留下的光辉记录。看下面这个故事：

李大钊从小就是一个惜时如金的孩子。有一次家里人临时外出，把年纪尚小的李大钊一个人留在了家里，并叮嘱他做完功课再出去玩。碰到这种事情，几乎所有的孩子都会把学习扔在一边跑出去玩。可年幼的李大钊并没有这样做，尽管外面花红柳绿，还不时传来其他小伙伴们爽朗的笑声，可这些诱惑对他而言却都丝毫不起作用，好像外面不曾有什么事情发生似的。

中午时分，大人们回到家里，看见李大钊还在如痴如醉地看书。见此情形，家里人非常高兴，但在高兴之余都劝他出去玩会再接着看。李大钊也确实累了，不得已才放下了手里的书本。路过爷爷的房间，他看见爷爷正在拾掇房间，便主动去帮爷爷一起干活。爷爷说不用他帮忙，说做一上午的功课太累了，好不容易休息一下，叫他自己去玩。但是李大钊却说："帮爷爷干活和到院子里去玩不都一样吗，反正玩也是浪费时间。"听到他这么说，爷爷直夸他是个懂事的好孩子，说他将来一定会出人头地，干一番大事业。

清政府的腐败招致外国侵略者的肆意掠夺，这让年仅十几岁的李大钊充满爱国之志。有一回，李大钊听老师讲太平天国的故事时，还没等老师讲完，便起身大喊："我要学洪秀全，推翻清朝统治！”这一举动，可把那个老师吓得够呛。在当时，这要是张扬出去可是会带来杀身之祸的。长大后，李大钊遍寻救国之路，并立志在有生之年让国家强大起来。

可见，一个珍惜时间，愿意同时间赛跑的人总会取得非凡的成就。爬行缓慢的乌龟，能比跑得飞快的兔子最先到达终点，就是因为它懂得珍惜和把握时间。

在我们主动和时间赛跑的过程中，我们还会发现很多先机。其实很多事还没发生前，就已经开始在酝酿了。很多成功人士总能从一些细微的迹象中捉捕到信息，从而早做准备，等到瓜熟蒂落之时，便是他们的成功之日。中国有句古话叫“万事俱备，只欠东风”。这里的“东风”便是最好的机遇。能把握住“东风”固然最好，但是等“东风”来了你却毫无准备，那就只能留下终生的遗憾。美国哈佛大学有这样一条著名校训：时刻准备着，当机会来临时你就成功了。有这样一个故事：

从前有一个自以为很有才华的人，可令他费解的是他一直得不到人们的认可。有一天，他坐在小河边，往河里不停地丢着石子，以此来消解他内心的苦闷。这时上帝来到了他的面前，他立刻走上前问上帝，命运为什么对他如此不公，他明明很有才华却为什么得不到大家的认可。

上帝听了他的抱怨后沉默不语，也随手捡起一颗小

石子，把它丢进了河里。这时上帝说：“你能找回我刚才扔掉的石子，我就告诉你答案。”由于所有的石子都一样，他根本分不清哪一个才是上帝丢掉的石子，结果找了很久还是无功而返。

上帝看着他垂头丧气的样子，又随手捡起一个石子，用力一握那个石子就竟成了一块黄灿灿的金子。这时上帝又把那块金子丢进了河里，并说道：“你能找回我刚才扔掉的那块金子，我同样告诉你答案。”那个人再次走进河里，结果很快便找到了那块金光闪闪的金子。

当他抬起手正准备向上帝展示时，却发现上帝早已不见了踪影。当他再看手里的金块时，它早已又变回了石头，这个人顿时恍然大悟。

在现实生活中，很多人都抱着和故事中那个人一样的心态。他们并没有意识到，当前的自己只不过还是一块不起眼的“石子”，当把自己打磨成“金子”时，才能熠熠生辉。所以，面对现实，我们不要怨天尤人、自暴自弃，而是应该早早准备，不断磨炼自己。只有这样，当我们一下子遇上绝佳的机遇时才能把握住。若非如此，即便遇到了好的机会，也会因为自身的准备不足而难以很好地把握。可见，有时候我们的失败，是我们没有准备好。

所以，我们要想比别人做得好，就要比别人做得早。在别人走着时，你要跑；在别人休息时，你依然得向前走。有这样一个故事：

王守仁是我国明代中叶著名的哲学家和军事家。他小的时候却很迟钝，直到6岁的时候还不会说话，他的父母曾一度认为他是个哑巴。后来通过多方地走访名医，他终于能开口说话了，但是智力却很一般，比起别的孩子，他总显得更笨拙一些。

为此他经常遭到其他小朋友们的嘲笑和欺负。有一次一群小朋友把他的书包扔到了树上，并指着他的鼻子嘲笑道："你这个笨蛋，还上什么学，学了也没什么用。"事后，他跑回家向父亲哭诉："爸爸，别人都说我笨，我真的很笨吗？"他的父亲摸着他的头说："孩子，你不笨。只要你付出比别人更多的努力，将来一定会有出息的。"从此之后，王守仁就下决心苦读。平时读书的时候，别人读一遍，他就读两遍、三遍甚至十遍。他白天在私塾里认真听先生的课，放学后，更是利用所有的空闲时间去学习，直到家人催促，他才吃饭、睡觉。如此年复一年，他始终一如既往地刻苦学习。后来，王守仁凭借"笨鸟先飞"的勤奋刻苦精神，长大后成了著名的哲学家和军事家。

总之，假如你是只"笨鸟"你就得先飞，是"乌龟"你就要不停地爬。只有这样，才能在同时间和别人的赛跑中抢得先机，并最终取得成功。

谋定而后动，方能华丽转身

古人云：“善谋万事者，必先谋一事；善观全局者，必先察一域。”一个人成功与否，与他能否事先谋划有着很大的关系。“谋”在做事的所有环节中至关重要，做事前谋与不谋，效果是截然不同的。但是，谋并不代表只要想了就算谋略了！这就如很多股迷一样，倾其家产去股市发财，结果却以倾家荡产告终，其实，他们也在想，股市会一直扶摇直上，自己能够取得成功，可这不能称之为谋略，充其量只是一种幻想而已。

中国有句古谚：“智者，顺势而为；愚者，遂理而动。”这才是谋略的最直白解释，它告诉我们：逢事要顺应其规律，在此基础上，考虑得愈周全，问题认识得愈深刻，谋划得愈到位，则愈接近于客观要求，成功的可能性就愈大。所谓“谋事在人，成事在天”，就是这个道理。

在现实生活中，我们最重要的谋略便是制订自己的人生规划。著名经济学家戴尔·麦康基说："规划的制订比规划本身更为重要。"每个人都有着不同的梦想、不同的目标，要想实现它，就必须先制订规划，这是迈向胜利的开始，也是第一步。而规划制订本身恰是第一步的最直接体现，因此，我们才说好的开始是成功的一半。历史上那些令人瞩目的成功人物，他们每一个人的人生规划在出台之前，都经过了深思熟虑，并且花费了极大的心思来论证和核实。

爱因斯坦进入苏黎世联邦工业大学的时候，就曾经为自己拟订了一份人生规划：首先我要用四年的时间认真学习数学和物理，力求熟练掌握这两个学科的所有知识；在此之后，我希望凭借自己的努力，能够成为其中某个学科中某一些领域的教授和领军人物。我制订的规划也是有相当的理由的：首先，我喜欢抽象思维和数学思维，而我最缺乏的就是应对实际的能力；其次，这是我自己的愿望，它激励我做出类似的决定，以考察我的毅力；最后，人都喜欢做自己喜欢干且有能力干的事，而科学工作的独立性，就非常适合我。

后来，他通过不断地修订自己的"策划蓝图"，使每一项都更切合达到目标的需要。在此期间，他放弃了

数学而专攻物理，这是他经过自我审视和严密分析做出的果断选择。最后，他成为相对论——“质能关系”的创立者，被公认为是自伽利略、牛顿以来最伟大的科学家、物理学家。他的相对论还为核能开发奠定了理论基础，并开创了现代科学的新纪元。

要知道，规划就是我们的行动目标。但一个规划的最原始状态来源于我们的设想，它不只是模糊地“希望我能”，而是明确“这是我的奋斗方向”。制订规划对于成功者，犹如空气之于生命，须臾不可缺少。没有制订就没有规划，没有空气就不能生存。制定本身，是所有成就的出发点，很多人的人生之所以失败，原因就在于他们从来都没有事先想过制定什么规划，也就是说他们根本就没有踏出过第一步。来看下面这个故事：

从前，有一个生长在非常普通家庭的男孩子。他没有很高的文化，身体也很瘦弱，但他却立志长大后要成为政坛要员。在其他穷人眼里，这个想法非常荒诞，简直是不可能的事，然而这个男孩为了实现自己的梦想经过了反复思考，为自己的人生目标制订了一系列连锁计划：要做竞选政务要员首先要得到雄厚的财力支持——要获得财团的支持就一定得融入财团——要融入财团就需要娶一位豪门千金——要娶一位豪门千金必须成为名人——成为名人的快速方法就是做电影明星——做电影明星前首先得让自己的身体散发着阳刚之气。有了这样一个规划，他开始步步为营，一点一点实施。他发现练健美操是强身健体的好办法，于是开始刻苦并持之以恒地练习健美。他相信自己会成为世界上最结实、最健美的男人。几年后，他凭着发达的肌肉和健壮的体格，成为欧洲乃至世界上最著名的健美先生。22岁时，他终于如愿地进入了美国好莱坞。在好莱坞，他花了十年时间，利用自己身体方面的优势，着力打造坚强不屈、百折不挠的硬汉形象。终于，他在演艺界也声名鹊起。也就在他的电影事业如日中天时，他和相恋九年后的女友完婚了，他的女友正是赫赫有名的肯尼迪总统的侄女。当所有人都认为，他会把自己的一生都献给电影事业的时候，已经57岁的他，毅然退出了影坛，转而从政，并成功地竞选为美国加州州长。这个男孩就是享誉世界的阿诺德·施瓦辛格。

施瓦辛格的人生规划十分清晰，他遵循着这个规划，一步步实现了自己的梦想。可见，如果我们谋定而后动的话，那么机遇也会自然而然地找上门来。

可见，遇事不谋只靠走一步算一步，也许几个弯转下来我们连东南西北都分不清了。如此，不但会让我们失去前瞻机会，也会为我们的成功留下隐患和遗憾。因此，不管是谁，遇事都要静观天下之变，思谋应对之策，欲望越是强烈，越不要急于行动。要谋定而后动，方能华丽转身；否则必然会给我们的未来人生和成功带来麻烦。

第五章
敢于直面人生的跌宕起伏

面对失败，有些人从此一蹶不振，有些人却选择奋勇再战，因为后者相信，只有经历过无数次失败的人才能最终品尝到胜利的果实。

跌倒不可怕，不能爬起来才可怕

我们每个人都有自己的梦想，都渴望成功实现自己的梦想。然而世事无常，大部分人在一生中都不会一帆风顺，当我们满怀希望地去追求自己的梦想时，难免会遭受挫折和不幸。其实，当你失败时，不管你多么不愿意接受，也不管你多么不愿去面对，它始终都是摆在眼前的事实。而失败本身并没有我们想的那么可怕；恰恰相反，真正可怕的事却是我们不敢面对失败而沉浸在悲痛中无法自拔。因为当你不愿再爬起来的时候，就说明你已经放弃了自己的梦想，那你的人生将注定彻底失败。张海迪说过：“即使跌倒一百次，也要一百零一次地站起来。”

美国的科学家为了进行一项研究，曾经做过一个很

有趣的实验，实验的对象是跳蚤。

科学家们首先把跳蚤养在一个正方形的大玻璃缸里，每天观察它们的活动，并且把所有的数据都记录下来。这个玻璃缸很大，而且足够高，可以满足跳蚤们跳跃的需要，就是跳得最高的跳蚤也不会碰到上面的玻璃顶。玻璃缸最顶上的那块玻璃是可以升降的，科学家们可以通过移动那块玻璃来调整这个玻璃缸的高度。科学家们每天都观察跳蚤的活动，重点记录下跳蚤们弹跳的高度。

后来，科学家们把玻璃缸上的那块活动的玻璃板调低了，在跳蚤的最高弹跳点之下，然后再记录跳蚤弹跳的高度。他们发现跳蚤刚开始的时候每天都会顶到上面的玻璃板，但是过了一段时间之后，跳蚤就不会碰到玻璃板了。然后，科学家们再把玻璃板升到原来的高度，再观察跳蚤的情况。令人吃惊的现象发生了，虽然拿掉了玻璃板，跳蚤们还是保持着降低了玻璃板后的那个高度。它们弹跳的高度并没有随着玻璃板的拿走而恢复到原来的水平。

科学家们继续做实验，把玻璃板压得越来越低，跳蚤们也随之跳得越来越低。即使玻璃板后来被升上去了，跳蚤们跳的高度却一直不会回升。比较跳蚤后面跳的高度和开始它们跳的高度，科学家发现差距很大。科学家们继续实验，把玻璃板压到最低，最后，玻璃板几乎压在了桌面上，跳蚤彻底变成了“爬蚤”。科学家把玻璃缸上面那块玻璃板拿掉，但是这一群做过实验的跳蚤却再也不会跳了，它们只会像蚂蚁和其他虫子一样在玻璃缸里爬来爬去，完全丧失了一只跳蚤“跳”的特征。

通过这个故事，我们可以发现，跳蚤们的心理是很脆弱的，一旦碰壁以后就会永远记住这一“经验”，然后努力去避免“重蹈覆辙”，从此永远丧失了跳蚤“跳”的天性，变成了只会爬来爬去的跳蚤。其实，我们很多时候都不见得会比跳蚤坚强，以前那些失败的经历会成为限制我们自我发挥的桎梏。我们再遇到同样的问题时，想到的不是“我能不能解决这个问题”，而是“这个问题我一定解决不了”，从而对以前那个让我们失败的东西望而却步。

这些往往被我们称为“失败的阴影”。每个人在生活中总会遇到这样或者那样的“失败阴影”。为什么有的人受到挫折后会成功，有的人却永远不会成功呢？区别就在于我们是怎样看待失败的。

我们完全可以换个角度去思考：失败本身何尝不是一件好事，因为从失败中我们可以清晰地看到自己的不足之处，并最终找出正确的方法来完善自己，进而获得成功。从某种意义上来说，我们只有不怕跌倒，才能变得更加顽强。正如奥斯特洛夫斯基所说：“人的生命似洪水在奔流，不遇着岛屿、暗礁，难以激起美丽的浪花。”

许多名人也都是经历过无数次的失败，才最终取得了成功。如亡国之君勾践，经历十年的卧薪尝胆才终于圆了复国梦；当年的贫穷少年史泰龙抱着自己的剧本，走访了上千家的影视公司，才把《洛奇》搬上荧屏，从此声名大噪；美国百货大王梅西不知经历了多少次生意上的失败，才最终让梅西公司成为世界上最大的百货商店之一；等等。

一位杰出的科学研究者曾说过，当他遇到一个明显无法逾越的障碍时，通常发现自己已站在某项发现的边缘。可见，失败会唤起人的潜在能量，激发人的潜在目标，最终获得成功。正如牡蛎会将烦扰它的沙子转变成珍珠一样，有勇气的人会将失望转变成有利因素。只有将绳子往下拖拽，风筝才会飞翔。生活也是如此，身负多种责任的人会飞得更高更远。成千上万有天赋的人最终却被世界遗忘，皆因为他们从未遇到过足以激发他们潜能的失败与困难。

总之，眼前的失败可能会阻碍我们前进的步伐，但它不过就像河中的冰块或礁石，只能激成暂时的漩涡，但这反而会使它积聚更大的力量，最终它将会扫除一切障碍，更为汹涌地冲向大海。

别人的指责是对你的锤炼

伟大的科学家伽利略说过："生命有如铁砧，愈被敲打，愈能发出火花。"有时别人的指责对我们来说并不是一件坏事，相反也是一种锤炼我们的方式。正如泰戈尔所说："人类的历史很忍耐地等待着被侮辱者的胜利。"有这样一个美丽的故事：

在英国的考文垂博物馆，珍藏着这样一幅著名的油画：画面的背景是一座古老的城堡，在古堡前面有一位骑着战马的女子，她长发披肩，容貌秀美，奇怪的是她全身赤裸。然而就是这样一这幅"不雅"的油画，却成了考文垂的城市名片。原来这幅油画，讲述着一个美丽的故事。在一千多年以前，统治着这片土地的伯爵，为了发动一场战争而向这里的人们征税。然而当时生活在

这里的人们，日子过得异常艰辛，实在拿不出多余的钱交税。人们知道伯爵夫人从小在这里长大，深知这里的疾苦，于是求她劝说伯爵放弃战争。伯爵夫人答应了人们的请求，开始劝说伯爵放弃战争。但是好战的伯爵根本听不进去，还为此痛斥了她一顿。善良的伯爵夫人没有就此放弃，晚上快就寝的时候，她又向伯爵提起此事。这下伯爵大怒，指着床上的她吼道："想让我放弃可以，除非你明天早上，就这样赤身裸体地在城里的大街上走一圈。"说完伯爵就愤愤离开了，伯爵夫人哭得很伤心。通过一个侍卫之口，这个消息很快传遍了全城。第二天早上，伯爵夫人竟然真的裸身骑马走上了大街。然而，那天早上城里的大街小巷却鸦雀无声，所有的居民都躲进了家里。据说，没有一个人探出头去窥伺这个圣洁的女人。事后，那个伯爵也真的再没提及战争之事。

故事中的伯爵夫人虽然受到了羞辱，但她却成功阻止了一场战争，也挽救了苦难中的人们。有时候当一个人在遭受屈辱和折磨时，他的学习和求得上进的决心可以超过任何学习方式，因为它能使人更深入地了解社会，接触社会现实，使个人得到提升与锻炼。从某种意义上说，这也能为自己铺就一条成功之路。还有一个故事：

约翰·库缇斯出生在澳大利亚的一个平民家庭中。他出生时只有矿泉水瓶那么大，脊椎以下没有发育，双腿像青蛙那样细小，而且没有肛门。经过手术，他也只能痛苦地排便，医生断言他活不过当天。但是，他挣扎着活了下来。医生再次断言他活不过一个星期，可是一个星期后他仍然活着。一个月后，一年后，他依然活着，一次又一次地打破了医生的预言。

他的身体在别人眼中，就如同怪物一样，总是被人指指点点。面对别人的嘲笑和残酷的命运，他没有被击垮，反而决定要同命运进行抗争，这期间他也承受了常人难以想象的磨难。为了能更好地“走路”，他在十几岁的时候，将自己不能发挥作用的双腿截掉了。虽然他顺利学会了用双手走路，但他也成了真正的“半个人”。后来他曾笑着对别人说，自己这辈子看得最多的风景就是各种各样的腿、鞋子和女孩的裙子。当他慢慢长大后，他就开始下决心要成为一个自食其力的人。于是从那时起，他每天就借助双手和滑板车，奔波在无数家店门前。有时他敲开别人的店门时，里面的人出来后竟嘲笑说：“难道你想让我这里的顾客都弯腰和你说话吗？”然后便“砰”的一声关上店门。不过最终在好心人的帮助下，他还是如愿以偿地找到了一份工作，总算能自食其力了。在一次偶然的机会下，他萌发了成为一名残疾人运动员的想法。于是他辞去了工作，开始投身体育运动，而他命运中的转折点也从此开始。其实一开始，国家体育部门的人并不想留他，理由是他太“不完整”了。但是凭借着自己的刻苦训练，几年后，他成了

澳大利亚残疾人网球赛的冠军，他再一次用自己的抗争，回击了那些嘲笑和看不起他的人。退役之后，他开始迷上了演讲，于是经过自己的努力，他又成了当时最有名的演讲家之一。有一次，他在演讲之前，偶然间听到离他最近的几个听众，在小声嘲笑他没有腿。演讲开始后，他便问场下的听众："你们当中有谁能让自己的双腿高过头顶？请举手。"台下没有一个人举手。这时他高高举起自己戴着红色橡胶手套的手说："我可以做到，这就是我的双腿，我正是靠它们才走到了今天。"台下鸦雀无声，而刚才嘲笑他的那几个人早已羞愧地隐没在了人群当中。

这个故事告诉我们：当我们在生活中遭受到批评、抱怨时，不但不要消极抱怨，相反我们还要感激那些指责过我们的人。正是因为他们的存在，才使得我们的生命充满了机遇和挑战，才有了转折和收获。如果你能够以感激的心态去对待那些指责过你的人，那么，你就不再是一个悲观消极、面对苦难掩面而泣的人，你将成长为一个无往不胜的勇士。有这样一个故事：

格林尼亚生于一个家庭条件非常优越的家庭，他的父亲是当地一家有名的造船厂的老板。但在这样一个条件优越的家庭环境下长大的格林尼亚，却由于疏于管教，成了一个游手好闲，不把学习放在心上的公子哥儿。由于他长相英俊，花钱又大手大脚，所以他在情场上总是春风得意。他一直以为，在这个世界上，拥有金钱和相貌就意味着拥有了一切。

在一次宴会上，轻浮的格林尼亚又准备搭讪一位年轻漂亮的女孩。但是那个女孩却对他没有任何好感，反而奚落道：“请你走远一点，我就讨厌像你这样的公子哥儿在眼前晃悠！”这句充满蔑视的话，就如同一把匕首一样，捅在了格林尼亚的心头。他的羞耻心一下子就被激发了。格林尼亚愣愣地站在那里意识到：家庭的富有并非个人的荣耀，要赢得真正的尊重，需要靠自己的努力去争取。年轻的格林尼亚回到家里，经过慎重考虑，决定摆脱家庭溺爱带来的不利因素，并打算换一个生活的环境，追求属于自己的一份事业。在离家之前，他留下这样一封书信：请不要打听我的下落，相信通过刻苦学习，我一定会干出些成就来的。后来格林尼亚来到了大城市里昂，通过刻苦学习，取得了里昂大学插班就读的资格。在投入校园的生活后，他更是倍加珍惜这个凭自己努力得来的机会。很快他的刻苦引起了当时一位很有权威的化学老师的注意。在名师的指点下，他发明了格氏试剂，还被学校破格授予博士学位，这一消息轰动了当时的整个法国。后来他还被授予了诺贝尔化学奖的奖章。

这天，他收到了一封信，而写信之人正是当年那个羞辱过他的女孩，虽然信中只有简短的“我永远敬爱你！”这么一句话，但这也足以让格林尼亚激动万分。

格林尼亚的成功与他懂得感激羞辱过自己的人有着极大的关系。当别人指责我们时，往往也是在告诉我们事实的真相。他们尖刻的讥讽以及不留情面的指责都是让我们认清自己的明镜。这些不友善的刺激通常会激励我们迈向更伟大的成功与更高尚的事业。

在现实生活中，我们是否有过这样的感受：如果我们有一个很差劲的上司，我们往往会因为他对我们的武断否定而让我们萌生要去创业的念头；我们会因为别人一个轻蔑的眼神、不经意的嘲笑而奋发向上，做到比他强。从心理学上来说，当我们受到打击超过了我们心灵所能承受的限度的时候，就可以爆发出一种力量，这股力量会驱使我们要向他们证明，我们能够成功，我们可以做出个样子给他们看。正是这种力量给我们带来了成功的信念和坚持下去的勇气，最终证明自己的价值。

我们可以这样说：对你好的人是在“帮助你成功”，而指责过你的人则是在“逼迫你成功”。为此，我们应该对那些指责过我们的人心存感激，这会让我们更为迅捷地成长，更快地成功。

压力会让你爆发出惊人的实力

有这样一个小故事：

曾经有一只猎狗，好不容易才把一只兔子从它的窝里赶了出来。兔子飞奔而去，猎狗则在后面紧追不舍。就这样它们一前一后，一连翻过了几个山坡。最后猎狗还是放弃了，它几乎累得半死，停在原地不停地喘着粗气。而那只兔子则一溜烟钻进了一个茂密的草丛中不见了。

所有的这一切，都被站在高处的一匹雄壮的马看在眼里。那匹马一路小跑，来到了那只猎狗的身边，用轻蔑的口气嘲笑道："你真没用啊，这么大个子，连一只小小的兔子都追不上，要换作是我绝对是手到擒来。"猎狗抬起头，瞥了它一眼说："你懂什么！我们两个跑的目的是完全不同的，我仅仅为了一顿饭，而兔子却是为了

逃命。”

故事中的兔子在面对生死一线的处境时，不得不化压力为动力，全力奔跑。而我们人类有时在面对逆境的时候也会将其转化为前进的动力。俗话说：“人在逆境中才能成才。”这句话并非空穴来风，因为人在逆境会感受到巨大的压力，而这种压力反过来，恰恰会激励一个人去战胜困难。在压力的作用下，你就有了前进的方向和动力，也更有助于我们实现梦想。因此从某种意义上说，压力便是我们成功的原动力。可见，压力对于我们而言弥足珍贵，只要我们抱着积极的心态，主动去克服并充分利用它，必会使我们受益匪浅。

巴尔扎克说：“挫折和不幸，是天才的晋身之阶，信徒的洗礼之水，能人的无价之宝，弱者的无底深渊。”很多成功人士都善于把压力背负在身上，让其成为一种促使自己前进的推动力。如托尔斯泰在大学时，曾因成绩太差被退学，但他在失败的压力中重新审视自己，最终才成为文学泰斗；文学家开普勒可谓是从小就被压力和苦难缠身，但正是在这种充满压力的环境下，他才提出了天体运行的三大定律，成功摘得科学桂冠；等等。我们来看一个有趣的故事：

有两颗绿豆躺在仓库里聊天：

“喂，老弟，听说过两天主人要把我们卖给豆芽加工厂了。”绿豆甲对绿豆乙说。

“唉，我正担心此事呢，老哥，你说等待我们的将是什么样的命运呢？”绿豆乙说完。显得无精打采。

“听说有两个豆芽加工厂。但环境决然不同，一处是把我们压在巨石下，让我们发芽生长；另一处是直接放在地上，没有任何压力……”

“那我就选择没有压力的加工厂。”绿豆乙为自己的想法而沾沾自喜。

豆芽加工厂的老板来了。主人把正在聊天的两颗绿豆和其他伙伴一起卖给了这位老板。

在过秤时，绿豆乙从加工厂老板与主人的对话中了解到将要去的加工厂采用的是用石块压在地上，强迫绿豆芽生长的那种方法，便找了个机会，偷偷地从筐里溜了出来。躲在墙角边，它看到绿豆甲和同伴们被加工厂的老板带走时，它偷着乐了。

第二天，主人打扫仓库时，发现了这颗绿豆，便把它捡了起来，丢进了另一筐绿豆中。后来这颗绿豆和其他同伴一起被卖进了另一家加工豆芽的工厂。

一个偶然的机会，两个老朋友在一菜摊上相遇了，只是现在它们都由绿豆成长为绿豆芽了。

“喂，老弟，你是营养不良吗？怎么长得又细又黄又长？”豆芽甲关切地问。

“哪里？我们的老板把我们往地上一摊，便不管

了，我们没有压力，自由自在地生长，那日子过得别提有多滋润了。你看你，长得又大又肥又白，一定是被巨石压身了吧。”

“对，我们被主人压在一块沉重的巨石下，为了要生长，我们只得加倍地奋斗，艰难地顶石而出，所以就长得像现在这样壮硕。”

“哟，受这么大的罪可真不值啊……”豆芽乙还准备说点什么，却听到一个来买菜的人说：“这根豆芽菜又细又长又黄，肯定是没有经过压力生长的，这样的豆芽没有多少人喜欢的。”说罢，这根豆芽就被那个人用两根手指头轻轻夹起，丢到了地上，紧接着，又被过路人踩了一脚。而那根经过巨石压迫长成的豆芽和它的伙伴们则被那个买菜人买走，用来招待最尊贵的客人。

要知道，上天在给我们创造诸多机会的同时，也给我们带来了更多的压力。尽管在现实生活中，我们每个人都不愿自讨苦吃，总会想方设法去逃避压力，可面对无处不在的压力，若我们没有面对压力的勇气，便会像故事中的那个细小的豆芽一样被社会所抛弃。没错，这些压力的确会令我们感到焦虑和痛苦，但是同时它也能激发我们的斗志与内在激情。如果抱着积极的心态和勇气，将这些压力很好地转化为激发自己激情的内在动力的话，那么换来的就不是焦虑和痛苦了，而是成功的喜悦。

科学家说，人在巨大的压力下，身体中会分泌出大量的肾上腺素，可以激发人无尽的潜能，可以促使人跑得更快，跳得更高，力量也会更强，从而做出惊人的壮举。如果人处于顺境或宽松的情况下，是不可能突然爆发出这种惊人的潜能与做出惊人的成就的。当我们战胜了眼前的压力后，我们就会渴望新的和越来越多的压力，而这时候的压力不知不觉就转换成了动力。所以毫不夸张地说，我们平时的很多成绩都是在压力作用下产生的结果。有这样一个故事：

在非洲中部较为干旱的大草原上，生活着一种短翅膀、短脖子的巨蜂。这种蜂体形肥胖臃肿，但是它却能够在非洲的大草原上连续飞行上百公里，而且飞行高度也是一般蜂类所不能及的。它们极为聪明，平时就藏在草丛中或者岩石的缝隙中，一旦有了食物后就会立即振翅飞起来。尤其是当发现它们生活的地区将面临极度干旱的时候，它们就会成群结队地迅速逃离，向一些水草丰美的地方飞行。

科学家们将这种飞行本能极为强健的蜂称为“非洲蜂”，并对其充满了好奇。因为根据生物学家们的理论，这种体形肥胖臃肿而且翅膀短小的蜂的飞行本能应该是最差的，甚至连鸡、鸭都不如；用流体力学来分析的话，它们的身体与翅膀的比例根本不能够起飞，即便将它们扔到天空中去，它们的翅膀也不可能产生承载肥胖身体的浮力。

但是，事实却证明，这种“非洲蜂”不仅能飞，而且还是蜂类动物中，飞行能力最为强健、飞得最远的物种之一。最终，科学家对此给出了合理的解释：非洲蜂虽然天资低劣，但它们只有学会极为高超的飞行本领，才能够在气候极为恶劣的非洲大草原中生存下去。简单地说，非洲蜂如若不能飞行，它们面临的处境只有死路一条。

非洲蜂的故事告诉了我们什么叫作“置之死地而后生”。非洲蜂的飞行本领更让我们相信，在一个执着顽强的生命中，只有压力才能产生超强的能力。

其实，人都是有潜能的，只是在平常无欲无求的情况下发挥不出来而已，如果你能利用工作中的时间压力将自己的潜能激发出来，那么压力就会成为你工作中的动力。所以，当我们在生活或工作中，因为压力而产生焦虑或痛苦的情绪时，一定要及时地更新观念，不要将压力仅仅看成是我们的仇人，将之看成是激发我们个人潜能的“恩人”。那么，压力就会迅速转化为你挑战自我的动力，最终让你以更加积极的心态去应对工作，最终做出惊人的壮举。

总之，在压力和挫折面前，我们能更快和更好地成长与成熟。一个真正勇敢的人，会将压力看成练就自身意志的动力，生活给我们的压力越大，就越能够激发出自身的潜能，练就自己的意志、品格、力量与决心，并最终走向成功。

枯木也会生芽，绝境亦可逢生

有这样一个故事：

曾经有一个人，在一场海难中幸运地存活了下来。在意识昏迷的时候，他随着海水漂到一座无人的荒岛上。

一开始的几天，他极度悲观，几乎整天都在祈祷上帝赶快带他离开此地。后来他渐渐意识到，只有先保住性命才有机会离开此处，回到家乡。于是他开始用那些随他漂到小岛上的木头造了一间简陋的小木屋，并利用各种方法向外界发出求救信号。时间一天天过去，他始终没能等来期望中的营救人员出现。

后来，他索性就做好了在这个荒岛上终老一生的准备。他开始钻木取火，并保留火种，还在白天到周围的浅滩处捕鱼。

有一天，当他外出捕鱼回来时，远远地看见自己的小屋竟然燃起了熊熊大火，浓烟直冲高空。他连忙丢下手里的东西，向自己的小木屋奔去，然而面对这样的大火他终究束手无策，就这样他所有赖以为生的东西，都在这一瞬间通通化为乌有了。

伤心欲绝的他，悲愤地喊着："上帝呀！你为什么这样待我!?"

可就在这时，他似乎听到了马达的轰鸣声，于是他顺着声音放眼望去，发现远处隐隐约约有一艘大船。于是他大喊大叫起来，并把一切能烧的东西都丢尽了火里。

他终于得救了，那些船员告诉他说，正是看到了浓烟，才会来到这里。

在这个世界上根本没有绝对的困境，正所谓"盛极必衰，物极必反"，那些所谓的绝境，本身也都蕴含着生机。古语云："天将降大任于斯人也，必先苦其心志，劳其筋骨，饿其体肤。"我们在追求人生目标时，都不会一帆风顺，会经受各种挫折，也许还会陷入困境。但是在面对困境的时候，如何正确看待这些不利的境遇，并发掘其中的有利因素，这将决定一个人未来的成功与否。

俗话说"蛙死温水，饿鼠长寿"，有时，在绝境中更容易获得成功，因为逆境能唤醒一个人潜在的力量，让其朝着更伟大的目标迈进。霍兰德说："最黑的土地总能长出最美丽的花朵，最陡峭的岩石中总是生长着最挺拔的树木。"那些正视逆境，并最终走出困境的成功者，都是被困难无数次地击倒后还仍旧积极进取的人。如曹雪芹在贫困交加中写出了不朽之作《红楼梦》；奥斯特洛夫斯基瘫痪在床，双目失明，还口述了鼓舞人心的杰作《钢铁是怎样炼成的》；还有身残志坚而取得伟大成就的张海迪、贝多芬等。有这样一个故事：

曾有一对夫妇为了寻求刺激，带着自己的孩子，驾车去沙漠中探险。尽管他们做了十分充分的准备，然而人算不如天算。他们在一次急转弯的过程中，不小心翻了车。尽管人都没有事，但是汽车的水箱和他们所带的饮用水都倾洒一空了。汽车无法行驶不是最大的问题，要知道，在沙漠中没有饮用水，那无疑是最令人恐慌的一件事。

为了能够生存下去，他们采取了一系列措施：他们让孩子们在汽车的阴影下休息；把两条毯子撕碎，摆成大大的求救信号——SOS；卸下后视镜，借用阳光的反射向空中的飞机发出求救信号；将备用的轮胎浸透了油以便随时点着作为求救的信号；妻子白天把丈夫和孩子们的嘴唇及皮肤上的水泡都涂上口红；发现沙漠表层下几厘米处较阴凉，便将孩子们的身体埋在沙子里，还将他们的脸部遮上，然后将自己也埋在沙里；中午气温过高，孩子们脸上的皮都破了，夫妻俩就收集小便，用破

布抹在孩子的脸上借以降温；将充气的塑料袋埋进沙子里，用冷凝的水滴解渴；等等。

几天以后，搜救队终于发现了他们的求救信号，最终他们全都获救了。当现场记者问他们如何在沙漠中撑过来的时候，那个男人虚弱地说道："无论身陷何种困境，我都相信自己能够战胜所有降临的厄运！"

可见，当我们遇到困境时，一定不要尽早地让心灵干涸，不要将心中的梦想熄灭。若你自己都认为没有成功的机会了，那你又怎能成功呢？所以，在现实生活中，当我们身处绝境的时候，一定要转变心态，不要将自我禁锢在眼前的困苦中，要看到危机后所隐藏着的时机，只有这样，你才能够赢得成功的转机。

科学研究证明，人在失意的时候，体内沉睡的潜能最容易被激发出来。只要你换个角度看待困境，将绝望看作是下一次希望的开始，也许就能发现机会就在你失意的拐角处等着你。看下面这个故事：

毕维斯原本是个极为优秀的播音员，但是有一天，因为与老板发生口角，被老板一气之下解雇了。当时，他的心情相当沮丧，一回到家中，便一言不发，将自己关在房间中。一个小时过去后，他却满脸笑容地走了出来，并十分开心地对老婆说："亲爱的，我终于有了一个自立门户的机会！"

第二天，毕维斯就自信地走出家去，并迅速地成立了一家自己的传播公司。不久后，他凭借自己幽默的主持风格，制作了一个“风趣人物”的节目，并亲自主持。从那时开始，毕维斯就成了美国电视荧屏上的风云人物，取得了巨大的辉煌成绩。

后来，毕维斯还将自己的这段奋斗过程，撰写成了一本激励人心的书籍——《是的，你能》。在书中，他这样写道：“每一次的挫折后面都隐藏着无限的机会，只要你能积极地站起来，就能够看到前面希望的曙光。”

毕维斯的事迹告诉我们：人在绝望的那一刻，往往是新希望的开始；一切危机的尽头，往往是转机。这正如在悬崖峭壁前，有的人看到的是绝路，有的人却看到了一架梯子。

苦难往往最能锤炼和磨砺人的性格，苦难也往往能激起人们行动的勇气。若没有苦难，人们也许疏于行动。正如爱默生所说：“自然赋予我们的困难越多，我们收获的智慧就越多。”成功就如同生铁需要经历煅烧和敲打才能成钢一样。因而，激励人们自力更生、艰苦奋斗的苦难，对人是有百利而无一害的，唯有艰苦奋斗才是胜利的条件。没有困难，也就没有努力奋斗的需要；没有痛苦和不幸，也就不会受到忍耐和顺从的熏陶。因而，艰难、困苦和不幸往往是激发我们成功的源泉。

总之，这个世界上从来没有真正的绝境，有的只是绝望的思维。只要我们不放弃，就能摆脱迷惘，看到光明的希望。“山重水复疑无路”并不是最终的结局，当你再走下去时会发现原来“柳暗花明又一村”。

失败是铸就成功的基石

传说上古时期洪水肆虐，人们苦不堪言。鲧为了拯救天下苍生，倾尽毕生的心血去治水，但始终没有成功。鲧死后，其尸体三年也不腐烂，直到禹从他的肚子里诞生。大禹也立志治水，在总结父亲经验教训的基础上，采用疏导的方法，终于制服了洪水。这虽然是个传说，但是它却向我们昭示：失败乃是成功的基石。

凡事都有它的两面性，换个角度来看，失败也是一种成功。失败是成功之母，在经历了失败过后我们起码知道了这样做事是行不通的。很多名人和成功人士，都是踩着失败的“台阶”，才最终走向成功的顶峰。如商业巨子史玉柱在成功的道路上几经跌落，就算是身负巨债成为“全国最穷的人”时，他也相信自己仍能崛起；

肯德基的创始人是山德士上校，也曾向上千家餐馆推销自己的炸鸡秘方，最终才被认可；蒲松龄在穷困潦倒之际写下了：“有志者，事竟成，破釜沉舟，百二秦关终属楚。苦心人，天不负，卧薪尝胆，三千越甲可吞吴。”以这豪言壮语来激励自己，最终让《聊斋志异》问世……看下面这个故事：

爱迪生发明电灯的过程，可谓异常艰辛。为了寻找适合做灯丝的材料，他反复试验了上千种材料，但都以失败而告终，但他始终没有放弃。

有一次，他的一位朋友来看望他，在饭桌上他忽然开始盯着朋友的胡子发呆，并念念有词道：“为什么不试试胡子呢？”他的朋友很快便明白了他的用意，于是毫不犹豫地剪下一缕胡子递给他。他马上跑进实验室去试验，很久才从实验室出来，这时他才意识到有个朋友还在等着他。爱迪生马上致歉，而他的朋友似乎早已习以为常，并未生气。当他的朋友准备告别时，他又揪着朋友衣服上的棉线头喃喃道：“怎么没有试过它？”于是他的朋友又毫不犹豫地从衣服上扯下一块布片交给他，他拿着布片又跑进了实验室，瞬间忘了自己该送朋友离开这件事。他的朋友只是无奈地笑笑，便自行离开了。

抱着这种热情，他又和他的助手试验了很多材料。有一次那个助手真的打算放弃了，便灰心丧气地对爱迪生说：“先生，我们已经失败了几千次了，看来是没有希望了。”可爱迪生却笑了：“你错了，我们并没有失败。你想想，我们是不是已经成功找到了几千多种不适宜做灯丝的材料。即使我们最终没有发明电灯，但后人也可以从我们的探索中受到启发，从而少走几千次弯路。”后来，经过爱迪生和助手们的不懈努力，他们终于发明了电灯。

爱迪生不但坦然面对失败，还向助手解释了失败和成功之间的关系，即失败中孕育着成功。这种不计较一时的名利，甘为人梯的精神，也为爱迪生的成功奠定了基础。

事实上，对于大多数人来说，失败是人生的常态，所以，我们要学会从挫折中吸取教训，好好利用。当你对失败泰然处之时，那么你离成功也就只有一步之遥了，因此，从某种程度上来说，挫折，正是实力获取的“催化剂”，也是成功的动力和源泉。再看一个故事：

林肯，美国历史上一位无人可及的伟大总统。在51岁之前，他的生命中经历了12次重大失败，遭受了无数次屈辱和打击，但林肯并没有退缩，而是选择了迎着失败走上去，进行一次次地尝试。

1832年，林肯遭受了两次沉重的打击。失业后，林肯下决心竞选州议员，让自己成为一名出色的政治家。不幸的是，他竞选失败了。这对林肯来说，无疑是痛苦不堪的。

后来，林肯自己开办了一家企业，可是一年不到，这家企业就倒闭了。在以后的17年间，他不得不为偿还企业倒闭时所欠的债务而到处奔波，历经磨难。还好，林肯再一次参加竞选州议员时成功了，他认为自己的生活有了转机。

1835年，林肯订婚了，这真是一件好事情。但离结婚还差几个月的时候，未婚妻不幸去世。这对他精神上的打击实在太大了，他心力交瘁，数月卧床不起，最终他得了严重的神经衰弱症。

1838年，林肯觉得身体状况良好，于是决定竞选州议会议长，可是竞选又失败了，痛苦再次降临在他身上。五年后，他又参加了美国国会议员的竞选，仍然以失败告终。

无论是在事业上、感情上，还是在政治前程上，林肯接连遭遇了七次重大的打击。如果是一个不敢面对失败的人，肯定早就放弃了。可是，林肯并没有放弃自己的追求，他一直在做自己生活的主宰。

1846年，林肯又一次参加竞选国会议员，最后终于当选了。两年任期后，他认为自己作为国会议员的表现是出色的，想争取连任，他相信选民会继续选举他。但结果很遗憾，他落选了。

后来，林肯决定申请当本州的土地官员。但州政府把他的申请退了回来，上面指出“做本州的土地官员要求有卓越的才能和超常的智力，你的申请未能满足这些要求”，他又一次失败了。

1854年，林肯竞选参议员，失败；两年后他竞选美国副总统提名，失败；又过了两年，他再一次竞选参议员，还是失败了。

失败，失败，再失败，28年中林肯遭遇了12次失败的打击，他苦苦拼搏，顽强不息。终于在1860年，失败远离了他，他当选为美国总统，并最终成为美国历史上最伟大的一位总统。

对于林肯这样总是失败的人，要想登上理想的高峰，可谓是困难重重，但正是凭借着坚韧，他取得了最后的成功。所以，如果你有一个崇高的理想，你的理想并不是天方夜谭，那么无论现实多么艰难，你也要坚持下去。康德说过："既然我已经踏上这条道路，那么，任何困难都不应妨碍我沿着这条路走下去。"因为俗话说："常常是最后一把钥匙打开了门。"

总之，失败不可怕，有时候，这反而会给我们莫大的益处。失败带给我们的，不只是在遇见问题的时候学会千方百计地将困难解决，更让我们在此过程中不断地积累知识和见识，这是在任何书本或者任何老师那里都学不到的东西，这是人生最宝贵的财富。

鼓足勇气！大不了从头再来

当我们面对失败，感到绝望无助之时，唯一能拯救自己的就是鼓足勇气。有人说：“面对失败和挫折，一笑而过是一种乐观自信，然后重整旗鼓，这是一种勇气。”当我们面对失败，鼓起勇气试着做回强者，并重新开始之时，那我们就已经是一个强者了，这时的困难也就无所谓困难了。西班牙作家塞万提斯说过这么一句话：“失去财富者损失不轻，然失去勇气者则一无所剩。”勇气是我们取得成功的主要因素之一。

众多成功人士，在面对失败时，都不乏重新开始的勇气。哥伦布在迷茫和危难之际，在他的航海日志上写道：“今天我们重新往西南航行。”泰国商人施利华，在面对破产时竟兴奋地说道：“好哇！又可以从头再来了！”年轻的马克·吐温为了做生意倾家荡产，身负巨债，但他却重新鼓起勇气，在文学创作上取得了辉煌的成就；等等。就拿马克·吐温的例子来说：

美国作家马克·吐温曾两次经商，均以失败告终。他先是投资开发打印机，花费了整整3年的时间，最后把多年攒起来的5万美元积蓄全部赔光了。这还不算完，由于上当受骗，他又把千辛万苦借来的十几万美元全部赔光了。他的第一次经商，就这样以赔光自己多年心血换来的稿费和欠了一屁股债而告终。

马克·吐温并没有死心，他无时无刻不在准备着再一次尝试。不久后，他发现很多出版商都因为发行自己的著作而赚了大钱。他开始想："如果我自己写文章自己出版发行，那么我的利润不是比那些出版商还要大吗？"于是他决定开一家属于自己的出版公司。经过多方的努力，他终于又筹到了十万美元，他的出版公司就这样开了起来。可没过多久他就发现，这根本没有他想象中的那样简单，因为是外行不懂经营，这十万美元也很快赔光了。于是他又陷入更大的债务危机中，而他的出版公司很快也宣布破产了。

两次经商尝试，让马克·吐温身背几十万美元的巨额债务，这不免让他消沉起来。马克·吐温的妻子深知丈夫没有经商的才能，但他在文学上的天赋确是很少有人比得上。于是她开始帮助丈夫鼓起勇气，振作精神，重走创作之路。很快，马克·吐温摆脱了失败的痛苦，在还清债务的同时，也让自己在文学创作上取得了更加辉煌的成就。

马克·吐温用事实告诉我们，一个人只要没有失掉勇气、意志、自尊和自信，就不会有失败，也最终会成为一个胜利者。如果你是一位强者，如果你有足够的勇气和毅力，那么失败只会唤醒你的雄心，让你更加强大，当你鼓起勇气重新开始时，成功就离你不再遥远了。

从头再来是一种不愿屈服的傲气，是一种勇敢面对失败的人生境界。从头再来源于我们对现实和对自身的清醒认识，是对自己实力的一种肯定，是一种挑战困难、挑战自我的勇气。从头再来，需要我们忍受失败的痛苦，吸取失败的教训；从头再来，需要我们坚定自己的信心，相信坚持到底就是胜利。从头再来是一种希望，是绝望时仍然忠实于生命的最好见证。

凤凰涅槃，需要浴火重生，同样，想要取得成功也要经过风雨的洗礼。只要有所追求，就难免有失败。当遇到挫折时，坚持与放弃往往就在一瞬间，我们需要静下心来审慎地想一下，不能轻易放弃或随意改弦易辙。坚持就是胜利，如果为了一时的安逸而选择放弃，这恰是一个最愚笨的选择。再看下面这个故事：

1824年5月7日，贝多芬领导他的乐队演奏着他自己创作的《第九交响曲》。演奏完时，他们所在的演出地区——维也纳晚会的会场响起了经久不息的掌声和欢呼声，而贝多芬却一点也听不到这打动命运的雷鸣般掌声与欢呼声，因为此时的贝多芬已经是一个彻底失聪的人了。

在此之前的1796年，贝多芬突然患上了耳疾，当时他并没在意，总认为自己的耳疾很快就会好起来的。可命运总是捉弄人，很长时间过去了，他的耳疾不仅没有好转，还更加严重起来。面对命运的不公，贝多芬好几次差点放弃自己的音乐梦想。但他最终没有这样做，而是在听力不便的情况下，鼓起了勇气，用纸和笔代替耳朵，再次开始追逐自己的音乐梦想，他发誓：要向命运挑战！要扼住命运的咽喉！

此后，他在耳疾带来的不便和旁人无法理解的巨大压力下，徜徉在无声的音乐世界里，同样谱写出了无数令人赞叹的交响乐章，并凭借其他不朽的音乐作品，成为后人称羡的20世纪最伟大的音乐家和作曲家之一，其坚韧不拔的形象也长久地铭记在全世界人民心中。

贝多芬用他的经历告诉我们：面对厄运，有勇气的人，总是能极力从不幸中寻找、挖掘有利因素，并从此转“忧”为喜，战胜逆境，克服困难，重新开始；而那些悲观、软弱的人，因为往往只看到事情消极的一面，最终被自己的懦弱打败，以至于一事无成。正如著名的成功学大师卡耐基所说：“如果我们有快乐的思想，我们

就会快乐；如果我们有凄惨的思想，我们就会凄惨；如果我们有害怕的思想，我们就会害怕。”可见，任何一个成功者，都不可能缺乏勇气，缺乏克服障碍的能力。一个人只要永不屈服，有勇气站起来重新开始，早晚都会收获成功。

总之，对于一个真正的强者来说，失败仅仅是一个通往成功路上的小插曲。不管什么样的打击和失败，一个真正坚强的人都能够从容应对。在通往成功的路上，最大的障碍就是自己，有征服自己的勇气，便会征服一切！而失败也根本不算什么，只要我们鼓足勇气，时刻保持“大不了从头再来的勇气”总会成功。

世界上没有无法逾越的鸿沟

有这样一个故事：

从前有一位高僧，在路边捡到了一个被人丢弃的孩子。高僧发现这个孩子可能是天生的双目失明，于是便把那个孩子抱回了寺中。这个孩子慢慢地长大了，高僧便收这个孩子为徒，他成了一个小和尚。由于这个小和尚的眼睛看不见，所以他总是不自信，认为自己不可能做好任何事情。

这天，高僧将小和尚叫到跟前，交给他一个任务：让他把一套经书送到远方一座有名的寺庙中。从未出过寺庙的小和尚这下犯难了，他心想：我眼睛看不见，又怎么能千里迢迢去送经书呢？高僧看出小和尚的顾虑，于是将一块绢书交到他的手中，说道："这是一张地图，

当你实在找不到路时，你可以将这张地图拿给别人看，让别人给你指路。但是这张地图上面还有一个重要的秘密，所以不到万不得已不要给别人看。”

师命难违，小和尚只得勉为其难，于是第二天一早便出发了。一路上，他千方百计地打听去远方那个国家的路线。途中经过了许多地区，吃了不少的苦，但他始终牢记师父的叮嘱，没有打开那张地图。历尽千辛万苦，他才到达了那个有名的寺庙。完成任务后，他便开始对地图上的秘密产生了好奇之心，于是他便找到了这座寺庙的方丈求他指点。谁知，方丈看过绢布后对他说：“这就是一块布，上面什么也没有啊。”小和尚这才明白了师父的良苦用心。

我们在人生道路上跋涉，有失败，有痛苦，很多时候甚至是绝望，这都是十分正常的。如果我们只看到眼前，不放眼长远就会在绝望处止步，在失败中哀叹。因此，要学会调整心态，不被任何困难所阻吓。要知道，世上无难事，没有绝对的困境，只有对处境绝望的人。

无论何时，只要你自己没有绝望，只要你心中留有希望，你就为自己保留了生机，但你如果对现在的处境已经绝望，那么即便这处境根本没有那么艰险，你也会把自己逼向绝路。所以，无论面对什么样的境遇与状况，千万不要让心中的希望之火熄灭，只要自己不绝望，总会有转机之时。有这样一个故事：

有一个年轻人，因为家贫没有读多少书，他去了城里，想找一份工作。可是他发现城里没一个人看得起他，因为他没有文凭。

就在他决定要离开那座城市时，忽然想给当时很有名的银行家罗斯写一封信。他在信里抱怨了命运对他是如何的不公，他还说：“如果您能借一点钱给我，我会先去上学，然后再找一份好工作。”信寄出去了，他便一直在旅馆里等。几天过去了，他花光了身上的最后一分钱，并将行李打好了包。就在这时，房东说有他一封信，是银行家罗斯写来的。可是，罗斯并没有对他的遭遇表示同情，而是在信里给他讲了一个故事。

罗斯说：“在浩瀚的海洋里生活着很多鱼，那些鱼都有鱼鳔，但是唯独鲨鱼没有鱼鳔。没有鱼鳔的鲨鱼照理来说是不可能活下去的。因为它行动极为不便，很容易沉入水底，在海洋里只要一停下来就有可能丧生。为了生存，鲨鱼只能不停地运动，很多年后，鲨鱼拥有了强健的体魄，成为同类中最凶猛的鱼。”

最后，罗斯说，“这个城市就是一个浩瀚的海洋，拥有文凭的人很多，但成功的人很少。你现在就是一条没有鱼鳔的鱼……”那晚，他躺在床上久久不能入睡，一直在想着罗斯的信。突然，他改变了决定。

第二天，他跟旅馆的老板说，只要给一碗饭吃，他可以留下来当服务生，一分钱工资都不要。旅馆老板不相信世上有这么便宜的劳动力，很高兴地留下了他。

通过自己不懈的努力，十年后，这个男孩长大了，并拥有着令所有人都羡慕的财富，后来娶了银行家罗斯的女儿。他就是石油大王哈特。

哈特的经历告诉我们：世上没有绝境，只有对目前处境绝望的人。只要不绝望，拿出拼搏的勇气，就能确保不败。只要你足够自信，那么这个世界上就没有任何困难能够阻挡住你。有个心理学家曾做过这样一个实验：

把小白鼠放到一个装满水的水池中心。这个水池尽管很大，但依然在小白鼠游泳能力可及的范围之内。心理学家先把一只小白鼠放入水中。小白鼠落入水后，并没有马上游动，而是转着圈子，发出“吱吱”的叫声。它是在用鼠须测定方位。叫声传到水池边沿，声波又反射回去，被鼠须探测到，借此判定水池的大小、自己所在的位置以及离水池边沿的距离。它尖叫着转了几圈后，不慌不忙地朝选定的方向游去，很快就游到岸边。实验至此，尚未结束。心理学家把另一只小白鼠的鼠须剪掉后，同样放入水中。小白鼠又发出“吱吱”的叫声。但是，由于“探测器”不复存在了，它探测不到反射回来的声波。小白鼠几乎在原地挣扎了十几分钟后，筋疲力尽的它沉入了水底。

第二只小白鼠被淹死的原因是：当鼠须被剪掉后，小白鼠无法准确测定方位，看不到其实很近的水池边沿，以为自己无论如何是游不出去的。因此，它停止了一切努力，自行结束了生命。心理学家最后得出结论：在生命彻底无望时，动物往往强行结束自己的生命，这叫“意念自杀”。第二只小白鼠不是被剪掉鼠须致死的，而是被“无论如何也游不出去”的意念杀死的。人生路上，每个人都可能遇到小白鼠所遭遇到的“水池”，那就是所谓的逆境、困境，或者说厄运。有些人在这个时候，就像被剪掉鼠须的小白鼠一样，无限夸大自己所遭遇的绝境，以为横亘在面前的是厄运的海洋，“无论如何也游不出去”。由于对处境感到绝望，而放弃了最后一搏的信念，松开了不该松开的手，任满腔的理想、抱负、雄心壮志，全部淹没在既浅又窄、根本就不足以伤害到自己的“水池”中。

总之，困境是个很迷惑人的东西，如果无端地把它扩大，那你就必然被其束缚。所以，只要你自己不把许多问题想得太夸张，就没有过不去的坎。要始终相信自己“绝处逢生，险中求胜”的能力，并坚信这个世界上根本没有无法逾越的鸿沟。

第六章
逆“取”顺“守”才是强者

逆境、顺境总会交替出现在我们身边。在逆境中，当牢记一个“取”字，不气馁、不言败，守住一颗恒心；在顺境中，当牢记一个“守”字，不骄矜、不张扬，保持一份淡然。

坦然面对人生中的不如意

在现实生活中，有很多人从小就在优越的环境下长大，或者从小就是同龄人中的佼佼者。他们几乎从来没有尝过失败的滋味，无尽的鲜花和掌声也让他们相信自己就是一个成功者。在他们心中，成功是与生俱来的，而且认为自己永远都不会失败，在他们的眼中确实也容不得任何失败，哪怕是一丝小小的瑕疵。

古人云“人生在世不如意事十之八九”。随着这些人年龄的增长，这种过度的追求，会给他们带来巨大的心理压力，并因此而感到焦躁不安。这期间，一旦他们经历了失败或没有达到自己理想中的目标，便会一蹶不振，甚至走向极端。本来有机会卷土重来的霸王项羽，却选择了乌江自刎；拿破仑本有机会组织全民皆兵做最后的反

抗，却选择了自我流放，客死异乡。这两位“常胜将军”凄惨的下场，与他们追求完美、捍卫荣誉的内心有很大关系。

西楚霸王项羽戎马一生，战绩辉煌，几乎未尝败绩，但是垓下一战使霸王项羽一蹶不振。其实，项羽当时是有机会渡过乌江返回江东故乡的，但是他想他从来没有如此狼狈过，就是面对数倍于己的秦军他都无所畏惧，现如今他却败在小小的刘邦手下。他觉得逃走有损于自己的英雄气概和“霸王”荣誉，更无颜面对江东父老，于是一时英雄气短便选择了别姬自刎。

虽说历史不容假设，但是假如项羽重新审视自己的不足，积聚力量卷土重来，也不是不可能的。就算退一步讲，江东虽然小，方圆也有千里，百姓尚有数十万，凭借他的威望仍足以偏安称王。

项羽一死了之的可悲下场，在很大程度上说明了他不敢面对这次失败。生活中，有很多大学生大学时成绩突出，他们自认为自己很优秀，所以在步入社会后，觉得自己理应享受更好的待遇，从事更体面的工作，甚至放出“非外企不进，非沿海不去，非高薪不干”的豪言。然而经过几次碰壁之后，他们的自信心就被彻底击垮，开始变得消沉，甚至自甘堕落，沉迷于虚拟的网络世界无法自拔。有这样一个故事：

很久以前，曾有一个盛产千里马的小国，很多达官贵人都慕名到此购买良驹。有一次，一位商人带着他的儿子来到了这里，说要买一匹小千里马送给儿子当作生日礼物。这位见多识广的商人也是一个相马的行家，转了一大圈也没能找到中意的小马。

从马场管理员口中得知，这里还有一个专门为小马出生准备的场所，那里有很多刚刚出生的小马，于是他决定再去看看。来到这里，这商人马上就注意到了一匹雄骏的千里马，只是它刚刚产下小马，看上去有些虚弱。那匹小马则趴在地上喘着粗气，正准备一鼓作气站起来，然而试了几次都还没有成功。

看到这个场景，商人的儿子马上冲了过去，打算助那小马一臂之力。这时那商人大喊了一句："住手，不要管它！"他的儿子素来敬畏父亲，听到这句话马上站在原地不动了。大家都静静地看着那匹小马在地上挣扎，不一会儿，它就自己站起来了。事后，那位商人买下了那只小马，并向儿子解释道："这匹小马靠自己的力量站起来，就会成为千里马；但是若你当时去扶它起来，那它就会变成一匹驽马。"

千里马生出的小马不一定就是千里马，若其不经历一些必要的坎坷也会与普通马无异。这就如同一个一直在顺境中长大的人，缺少的并不是鲜花和掌声，而是挫败的感受。要知道，一个好的拳手，首先要先学会挨揍，练就抗击打的本事，只有这样，才能更好地学会保护自己，才能把握好进攻和防守的时机。所以，我们要有那种初生牛犊不怕虎的勇气，一种百折不挠的抗击打精神。俗话说“宰相肚里能撑船”，只有那些能经受得住失败考验、经受得起打击的人，才能取得成功。

人生是由失败及成功交替而成的，差别只在两者的次数多寡而已。而成功总属于那些备受艰辛、异常顽强的人们。在遇到挫折的时候，有些人仅被打败一次就从此一蹶不振，而有些人却在一次次的失败后依然迎难而上，终于达成所愿。所以，一个人要耐得住寂寞，扛得住诱惑，还要经得起打击，顶得住压力，才能百炼成钢。正如易卜生说：“那个最孤独的人，就是世界上最有力量的人。”

总之，“胜败乃兵家常事”，只要别输掉自己的底气，一切都可以从头再来。那些不经风雨的人，就像温水沏的茶，茶叶只在生活表面漂浮，根本浸泡不出生命的芳香。生命中的每次磨难，都是在锻炼自己的意志，增加自己的力量。只有那些敢于面对失败，能正确对待失败的人，才能获得最后的成功。

拿出“屡败屡战”的血性

很多人在遭受挫折的时候，便轻易地放弃了。确实，在经历沉重的打击后，一般人都会在瞬间觉得希望渺茫，心灰意懒。面对失败的逆境，你明知道坚持下去还会看到希望，同时也会遇到新的挫折，而对挫折的恐惧最终使你放弃了希望。就这样你为了生存，转而开始去做那些自己不喜欢的事情，甚至重新回到自己原本要努力挣脱的生活中去。

其实失败不过是一次重新开始的起点，如果经受一次打击就让你灰心丧气，丧失斗志，那就很难会有希望；如果仍然勇气十足，决不放弃，那么你就一定能达到自己的目的。埃德蒙·伯克说：“逆境是一位严厉的导师，它让我们的意志更加坚强，让我们的技能更加娴

熟。我们的敌手就是我们的帮手。这种与逆境做斗争的过程让我们熟悉自己的目标，迫使我们从各个方面考虑这个目标，让我们不再肤浅。”有这样一个故事：

从前，有两个做生意的人，他们都遭遇了失败，在回家的路上又偶遇大雨，二人都迫不得已躲进了一座破旧的山神庙避雨。他们坐在地上，都注意到在山神庙的角落里，有一只很大的蜘蛛，它在艰难地沿着残缺不全的蜘蛛网向高处爬。由于墙壁潮湿，加上蜘蛛网太过破碎，它爬到一定的高度，就会掉下来，但它还是会重新向上爬，就这样它一次次地爬上去又掉下来。

这时第一个人开始感叹道：“我的处境不是和这只蜘蛛一样吗？终究会以失败告终。”第二个人却说：“我可不这样认为，你看这只蜘蛛多坚强啊！一点也不惧怕失败，反而越战越勇，我以后也要向它学习。”

后来，第一个人变得日渐消沉，日子也过得一般；第二个人，在生意场上拿出了屡败屡战的勇气，终于成了富甲一方的商人。

很多成功人士都像故事中的那只蜘蛛一样，虽在屡屡失败的挫折中，但依然激情满怀。如苏轼一生风雨坎坷，多次被贬，即便被放逐，也始终演绎着“一蓑风雨任平生”的伟大境界；桑兰的意外受伤，却让她变得更加坚强；海伦·凯勒虽然双目失明，竟能透彻地“看清”整个世界；全身瘫痪的爱尔兰知名作家布朗，用仅仅能动的一只脚，也谱写出人生的辉煌；等等。有这样一个故事：

美国著名的电台广播员莎莉·拉菲尔在她近30年的职业生涯中，曾经被辞退过18次，可是她每次都放眼最高处，确立更远大的目标。最初由于美国大部分的无线电台认为女性不能吸引观众，因此没有一家电台愿意雇用她。后来她好不容易在纽约的一家电台谋求到一份差事，可很快又以莫名的理由被辞退。之后，莎莉·拉菲尔又反反复复被辞退了十几次之多。

在连续的挫折面前，莎莉·拉菲尔并没有被击垮。她反复总结了自己的失败原因后，又鼓起勇气到国家广播公司电台去面试，后来电台勉强答应了她先在政治台主持一期节目试一下。虽然她对政治所知不多，但坚定的信心促使她大胆去尝试。她在节目开始前做了大量的准备，并在节目中开创了一种独到的主持风格，并欢迎听众通过打电话的方式参与到节目中来。随着众多听众对这个节目的好评，她很快成名了。

如今的莎莉·拉菲尔已经成为自办电视节目的主持人，并荣获众多主持人奖项。当别人谈及她被辞退18次的“光辉历史”时，她对大家说：“我被人辞退了18次？我自己都记不清了，或许吧。想想那是些多可怕的厄运，它们几乎可以毁了你。但是我知道自己不能就此倒下，为了我的梦想，我要让逆境成为鞭策我前进的动力。”

在生活中我们也难免会遇到坎坷与困难，我们必须学会勇敢地面对困难，学会在困境中磨炼自己，在跌倒中不断爬起，不断前行。不论何时，我们都不能让自己失去希望，要学会在困境中挖掘希望的种子，让自己拥有跌倒了，爬起来继续走的勇气。

耶士·琼斯是跨栏比赛场上的风云人物，优异的比赛成绩让他顺理成章地被选为参加当年在罗马举行的奥运会，这是作为一个运动员无上的荣耀，也是一个难得的机会。他很珍惜这个机会，为此付出了太多的努力和艰辛。在比赛前夕，几乎所有的人都看好琼斯，甚至还有媒体为他提前颁奖。可是人生充满太多的变数，由于发挥失误，他只得到了第三名的成绩，所有人都为他扼腕叹息。

面对这次前所未有的打击，他开始质疑自己的能力，甚至怀疑当初步入体坛的抉择是否正确。生活受到了很大影响的他第一个想法就是退役。因为他知道，要再过四年才会有奥运会，自己想要翻身，洗掉失败的印记，最起码还得等四年，而他不知道自己能否在这四年里忍辱负重地坚持走下去。在这种情况下，唯一合理的出路就是退出体坛，开始在其他事业上寻求发展，这样或许还能在另一个领域里创出自己的一片天地。

在那段时间里，没有人能懂得他的迷惘和纠结，然而，经过反复考虑，他最终放弃了退出体坛的想法，坚持了最初的梦想。他知道，他不想放弃自己一生的追求，在明白了什么是自己想要的东西后，他又开始了日复一日的训练，他期待着能在赛场上重新证明自己，不负众人的期望，也给自己一个合理的交代。

在之后的几年时光中，他参加了多次比赛，又在60米和70米跨栏项目上创造了一些新纪录，他找回了曾经的自信。1964年2月22日，他参加了自己职业生涯中的最后一场比赛。在观众的欢呼声中，他保持了自己所创的最佳纪录。在公布结果的那一刻，1.7万名观众起立，向他致敬，他感动得热泪盈眶，他终于向世人证明了自己。

面对跌倒，琼斯选择了爬起来继续前行，正是因为在失败中的坚持，他为自己的人生书写了一个新的高度。人生也同样如此，要想达到自己的目的，就要克服很多困难，首先不能在心理上投降。当你获取成功的时候，再回过头来看看走过的路，就会发现，当初那些所谓的艰辛其实并没有想象中那么艰险困苦。有这样一个故事：

参加1984年洛杉矶奥运会的百米蝶泳运动员之中，摩拉里被认为是当时世界上最优秀的游泳运动员，业内人士都预测最后他能成为冠军。但令人遗憾的是，在那次比赛中，他发挥欠佳，与冠军擦肩而过，只获得一枚银牌。

这个结果虽然让他备感意外，但是他并没有灰心丧气，而是把目标瞄准了四年之后的汉城奥运会。尽管他做

了充足的准备，但是在奥运预选赛的时候，他就被淘汰了，他的冲冠梦想也再次破灭了。与上次失败不同的是，这次失败对他的打击很大，他开始变得沮丧，甚至都不敢再去泳池游泳。就这样，一段时间之后，他慢慢意识到自己不能就此消沉下去，他打算四年之后，再次回到奥运的赛场之上。在之后的时间里，他开始了更加苛刻的训练。

在四年之后，他终于如愿以偿地站在了决赛的起始线上。与八年前不同的是，他已经不再是万众瞩目的焦点，因为他的年纪已经偏大了，很多专家都不看好他。然而比赛开始后，他的表现令所有人都大跌眼镜，而他也不可思议地夺得了那届百米蝶泳比赛的冠军，更打破了当时的世界纪录。

摩拉里凭借自己屡败屡战的勇气，终于站到了最高的领奖台上，也实现了自己的梦想。每个人都会碰到各种各样的挫折，我们要学会在挫折中成长，不要因为以前的失败而对自己丧失信心，过去的只能是过去了，事情发生了，你就要学会思考为什么会发生这些事情，以后就努力改善自己，努力向前看，这样才能迎来华丽的转身。

契诃夫说：“困难与折磨对于人来说，是一把打向坯料的锤，打掉的应是脆弱的铁屑，锻成的将是锋利的钢刀。”所以，就算我们一败再败，也要让自己始终保持万丈雄心。

成功是坚持不懈，失败是半途而废

我们所处的这个年代，是一个人人都盼望成功的年代，几乎所有人都梦想着一夜暴富。殊不知，任何人都不可能一步登天，所有的成功也都不是一蹴而就的，这个过程需要坚持不懈的耐心和毅力去铺垫。精卫填海、愚公移山靠的都是持之以恒的精神。同样，一个人要想取得成功，也必须通过坚持不懈的努力。英国前首相丘吉尔曾经说过："成功没有什么秘诀，如果真有的话，那就是两个：第一个就是坚持到底，永不放弃；第二个就是在你想要放弃的时候，回过头来看看第一个秘诀。"有这样一个故事：

有个很有才华、但不善言谈的年轻人去某大公司应聘，尽管在这家公司面试的名单中没有他。他解释说自

己是碰巧路过这里，因为心仪这家公司很久了，所以就贸然进来了。当时那个负责面试的人事经理本想拒绝他，但是面对他的热情和一再坚持也无可奈何，于是便打算破例给他一次机会。那位人事经理本以为这种人会有不同寻常的优点，谁知面试的结果却让他大失所望，因为年轻人讲话结结巴巴，根本表述不清楚自己都有些什么特长和能力。年轻人解释说自己本来做过充足的准备的，只是由于嘴笨加上紧张没发挥好。那位人事经理打断了他的解释，并随口应付他说："那就等你准备好了再来吧。"

谁知一周后，年轻人再次走进这家公司的大门。不过这次他依然没有成功，尽管比起上一次糟糕的表现，他这次的表现要好得多。后来，那个青年竟然先后五次踏进这家公司的大门，几乎和那个人事主管成了"熟人"，好在凭借着他的这股坚持不懈的精神，他最终被这家公司录用了。据说后来他还因为为公司做出了突出的贡献，被提拔为部门总监。

这个故事告诉我们，恒心和毅力是一个人成功的前提。居里夫人曾经说过："一个人没有毅力，将一事无成。"只有言行一致，朝着目标坚持不懈地去奋斗，才会收获成功。古往今来，每一个成功者身上都闪耀着"毅力"的光辉。如爱国诗人屈原为寻求真理，道出了"路漫漫其修远兮，吾将上下而求索"的执着；范仲淹从小丧父，仍旧刻苦读书，不放过任何一个学习的机会，最终成为有名的文学家；雅典著名演说家德摩斯梯尼为了矫正口吃，坚持每天口含石子练习说话；为了革命的最终胜利，孙中山发出了“革命尚未成功，同志仍需努力”的呐喊；高位截瘫的张海迪，凭借惊人的毅力，竟用镜子反射的方法来学习看书；等等。

苏格拉底是古希腊著名的哲学家，他的哲学思想对西方乃至世界都有着极其深远的影响。也正因此，苏格拉底门生众多。

有一次，他在授课刚刚结束时，一个学生站起来问道：“老师，我们如何才能拥有像您那样博大精深的学问？”苏格拉底并没有直接回答那个学生的问题，而是对他说道：“这并不难，今天我教你一件很了不起的事情，你把胳膊尽量往前甩，然后再尽量往后甩。”苏格拉底边说边示范了一遍，然后又说：“从今天起，你们所有人都可以尝试着每天做300下，大家能做到吗？”学生们都比画着做了一遍后，发现这么简单的动作，并没有什么了不起之处，于是都笑着答道：“没问题。”

一个月后，苏格拉底问学生们：“上次我要求同学们每人每天做300下的动作，有哪些同学坚持做了？请举手。”百分之九十的同学骄傲地举起了手。不知不觉间，一年时间过去了，苏格拉底又问学生们：“现在还有哪些同学在坚持做每天300下的甩手运动？”这时，整个教室里只有一个人举起了手。这个人就是当时问苏格拉底如何才能和他一样伟大的那个学生，他的名字叫柏拉图。后来柏拉图成了和老师苏格拉底齐名的伟大哲学导师。

这个故事告诉我们，做任何事都要有坚持不懈的恒心方能成功。但是在奋斗的过程中会遇到困难与阻力，很多人就立刻往后退缩，止步不前，或者做事三天打鱼，两天晒网，这些人是不可能成功的。所以你要想获得成功，就必须做到：一件事到了你的手里，就一定会做成。任何一个有毅力、有恒心的人，都不是光想不做的人，更不会被困难和挫折吓倒。再来看一个故事：

曾有很多商界精英，慕名去参加一位伟大推销师的演讲。演讲开始前，大家都注意到了那个摆在讲台中央，还吊着一个大的铁球的架子，谁都不知道它的用途何在。

演讲一开始，那位伟大的推销师就说："演讲开始前，我想请两位身体强壮的听众到台上来，和我一起做个游戏。"很快就有两名动作快的人跳到了讲台上。那位伟大的推销师对他们说："请用旁边这个大铁锤，去敲打那个吊着的铁球，直到把它荡起来。"于是，其中一个人就拿起铁锤，全力向那个铁球砸去。一声金属撞击的闷响之后，那个铁球却一动不动。那个人不甘心又试了几次，直到气喘吁吁才停下来，但那个铁球依然纹丝不动。这时第二个人，开始甩开臂膀，抡起铁锤朝那个铁球砸去，一阵响声过后，那个铁球还是没有被撼动。

那两个人下去之后，只见这位伟大的推销师，从上衣口袋里掏出一个小锤，开始有节奏地敲击那个铁球。一开始，所有的人都聚精会神地注视着他的一举一动，等待着奇迹的发生。可五分钟的时间过去了，那个铁球还是没有摆动的迹象，这时便有很多人失去了耐心，开始窃窃私语起来。又过了十分钟，会场开始骚动起来，很多人开始叫骂着愤然离去。但是那位伟大的推销师对此无动于衷，依然不停地敲击着那个铁球。又过了一段时间，突然坐在前面的一个女孩喊道：“球动了！”霎时间还在会场的人立即鸦雀无声。大家注意到，那个铁球果然开始以很小的幅度摆动了起来。随着那位伟大的推销师继续敲击，那个铁球也越摆动幅度越大。这时，那位伟大的推销师才停手，然后对着麦克风说道：“各位请记住，在成功的道路上，如果你没有耐心去等待成功的到来，那么你只好用一生的耐心去面对失败！”

许多人一事无成，就是因为他们缺少像故事中那位伟大的推销师所具有的孜孜不倦、迈向成功的恒心。库伊雷博士说过：“许多青年的失败，都可以归咎于缺乏恒心。”确实许多年轻人都拥有好的才学，也具备成就事业的能力，但他们的致命弱点是缺乏恒心，没有忍耐力，所以，终其一生，碌碌无为。

可见，我们最大的敌人不是困难本身，而是我们是否有排除万难的韧劲，一旦我们选择持之以恒地去面对所有的事情，那所有的事情都可以迎刃而解。恒心是一个人最有价值的财富之一，拥有恒心的人，总能将自己的全部能力发挥得酣畅淋漓。

意志坚定、富有忍耐力是你人生中的重要财富，有了它，无论走到哪里，你都能找到一个适合你的那条道路。但是，如果你浅尝辄止、畏缩不前、缺乏恒心，那么你不仅无法实现自己成功的梦想，甚至这个社会都会无情地抛弃你。

总之，能否成就大事的关键不在于一个人力量的大小，而在于他能坚持多久。有时失败者并不是比成功者差很多，他们往往只是比成功者少忍耐了一分钟，少思考了一个问题或少走了一步路。因此，人生就好像是马拉松赛跑一样，只有坚持到最后的人，才能成为优胜者。

积聚他人的教训，续写自己的传奇

有这样一个故事：

曾有一位优秀的雕塑家，在偶然间得到一块质地非常好的大理石。他非常珍惜这块石料，经过他的仔细斟酌，他觉得这块大理石最适合雕刻一个人像。经过一番精心的准备和测量，他终于拿起锤子和凿子，准备下手。可能是因为紧张的原因，他第一锤下去就因为用力过大，结果把那块大理石敲出了一个缺角。那个雕塑家马上就停手了，并为自己的冒失后悔不已。没办法，他又开始重新构思。不过几天之后，他还是决定放弃所有的构思，理由是：他觉得自己没有足够的能力来驾驭这块宝贵的材料，这么珍贵的东西不能毁在他的手里。

后来几经辗转，这块珍贵的石料到了米开朗琪罗手

里。米开朗琪罗也觉得这块大理石最适合雕刻一个人物，尽管它会有些许的瑕疵，可最终还是被他雕刻成了举世闻名的“大卫”像。

在这个“大卫”像刚刚完成的时候，米开朗琪罗的一个朋友最先欣赏了他的这个作品。当时他的那位朋友一发现“大卫背上”的那块“伤痕”，便为他的这个作品感到惋惜。在听了这块石料的来历后，他的这位朋友开始批评先前那位雕塑家的冒失。谁知米开朗琪罗却有不同的看法，他说：“那位先生已经相当慎重了，如果他冒失草率的话，这块上好的材料早就不复存在了，你也就看不到眼前的这个雕像了。”“难道你就一点也不感到惋惜？”米开朗琪罗的朋友反问道。“是的，相反我还要感谢他。因为他留下的那块缺痕无时无刻地在提醒着我，让我的每一刀、每一凿都要千百倍地小心，不能有丝毫的疏忽大意。”

米开朗琪罗的话其实在告诉我们，只有吸取别人的教训，才能做好自己的事。在我们成功的道路上难免磕磕绊绊，即使付出了艰辛的努力，也会由于诸如经验和知识的不足，过于盲目，对事态把握的不准确等原因而失败。俗话说“亡羊补牢，为时不晚”，只要我们善于总结失败的教训，冷静思考，并从中找到失败的症结，特别是善于吸取他人失败的教训，就会为成功奠定基础。

他人失败的教训对我们来说，是一笔可贵的财富。那些失败的教训可以为我们留下避免再次失败的前车之鉴。杜牧的《阿房宫赋》中有这样一句话：“秦人不暇自哀，而后人哀之；后人哀之而不鉴之，亦使后人而复哀后人也。”这句话也在告诉我们，如果我们不把别人失败的教训引以为鉴，那我们最终也会为自己的失败而哀叹。可见，我们只有积极吸取他人挫折与失败的教训，才能更加理性地分析失败的原因，进而取得成功。

历史上有很多吸取他人教训而取得成功的例子，如汉高祖刘邦吸取了秦亡的教训，实施休养生息的政策，为汉朝的强大奠定了基础；宋朝吸取“军阀”造反的教训，开始以文教治国；以毛主席为领袖的革命者，在总结众多失败的救国路线基础上，才最终走上了社会主义救中国的道路……有这样一个故事：

曾经有一家广告公司的业务员负责去一家装潢公司催款。在他的软磨硬泡下，那家装潢公司终于答应了在年底之前一定给结账，并约定了时间叫他来取支票。不久，他如约又来到了装潢公司，让他庆幸的是他顺利拿到了那个公司财务部开具的支票。他兴冲冲地回到了公司去交差。当他把支票递到老板的手上时，老板问了一句：“你有没有到银行去核实过？”他摇摇头说：“没有，不过我仔细查验过了，这张支票不会有假……”老板说：“支票是不假，但确信它就一定能兑现吗？我深知这家公司的手段，之前有两个业务员去催债，也带回来一张支票，但因为账户的余额不足无法兑现。所以我建议你还是到银行去核实一下。”

怀着忐忑不安的心，他又来到了银行。果然像他的老板所说，这家公司耍了一些小手段，他们的账户余额不足。经查实，里面可取的钱差两千才够支付支票上的十几万的钱款。他本想按照之前那两个业务员的做法，返回装潢公司去理论。但是他仔细一想，装潢公司若以资金实在周转不开为借口，那他也没有别的做法。于是他想，自己何不先垫付两千块钱。

他拨通了那家公司财务部门的电话，并声称自己是一个小客户，之前欠了贵公司一点小钱，想在过年之前结清。这种主动结账的好事，任谁也是来者不拒。就这样，那家公司的账面上马上多出了两千块，而他也马上如愿地兑现了支票。事后，老板不仅归还了他垫付的钱，他还拿到了全公司最高的年终奖。

故事中的业务员，就是吸取了之前业务员失败的教训，才完成了公司交代的任务，尽管有些许遗憾，不过大可忽略不计。可见，别人失败的教训，是我们免费的经验宝库，吸取他人失败的教训，能让我们少走很多弯路，达到事半功倍的效果。

有时候，了解别人是怎么失败的比了解别人是怎么成功的更为重要。因为相对于成功的经验而言，失败的原因可谓千差万别，所以从失败的教训中学到的东西，往往要比从成功的经验中学到的多。邓小平同志说过：“过去的成功是我们的财富，过去的错误才是我们更大的财富。”有这样一个故事：

从前有一个渔翁，由于他的捕鱼技术无人能及，而被当地人尊为“渔王”。尽管这个渔翁的捕鱼技术天下无双，但是经过他悉心调教的儿子的捕鱼技术却很平庸。尽管他明明把自己长年累月总结出来的经验都毫无保留地传授给了儿子，为此他很是不解。眼看自己即将老去，他更是心急如焚，生怕自己的捕鱼技术就此失传。

这天家里来了一个化缘到此的高僧，当时已正值中午，于是他便吩咐老伴做了一顿斋饭来招待高僧。饭后，高僧看出这个渔翁有些忧郁，便请他告知缘由。于是渔翁便一五一十道出了自己的烦恼。

高僧说：“请问施主，你是一直手把手地在教他吗？”渔翁回答说：“是呀，为了让他学得到一流的捕鱼技术，我教得很仔细、很耐心，一点都没有马虎过。”高僧又说：“他是一直都跟随着你出去捕鱼吗？”渔翁回答说：“没错，为了让他少走弯路，我一直让儿子跟着我。”高僧微笑着说：“原因就在此，你只把捕鱼的技巧传授给了自己的儿子，但你却没传授给他教训。你不让他独立出去捕鱼，他没有失败的教训，这就等同于没有经验，怎能有所成？”

成功几乎是不可复制的，所以比起不可复制的成功，避免不断重演的失败更为重要，也只有不走别人失败的老路，才能让自己减少失败的概率。现实生活中，有很多人因为别人失败的经历没有发生在自己的身上，自己根本没有体会到那种“伤痛”，于是对那些教训无法牢记，直到自己不知不觉走上失败的老路后，才追悔莫及。还有些人不长记性，甚至“好了伤疤忘了疼”，不停地重复着失败的老路，那他们也将在失败中度过一辈子。

俗话说“吃一堑，长一智”，我们要善于吃他人的“堑”，来补足自己的“智”；我们要学会从他人的失败中吸取教训，并引以为戒，从而使自己获得长足的进步。

有时，放弃也是一种前进

先来看一个有趣的故事：

在非洲有一个古老的部落，那里的土著居民偶尔也会把猴子当成猎物。但是他们捕捉猴子的方法却很独特，既不是用弓箭，也不是用长矛，而是等着它们自投罗网。他们的做法是：找一段坚固的木头，把里面掏空，装上一些粮食，然后在木头表面挖一些小洞，这些小洞的洞口刚好与猴子的前臂一样粗。就这样当猴子去抓木头里的粮食时，就会因为“握拳”而被卡住，这时那些土著居民就能轻易地抓住它了。其实这些猴子只要把“手”松开就能轻易逃脱，但是它们却因为不懂得“放弃”而沦为了猎物。

一个人要学会能屈能伸，更要拿得起，放得下。但

是，放弃绝不是要背叛自己，而是在每一次放弃后都必须得到升华，否则就不要放弃。有时候，放弃并非自暴自弃，也不是舍弃追求，恰恰是因为另有追求，而只有适时放下才能峰回路转，觅得属于自己的成功之路。若然，明知不适合自己却仍然愚蠢地坚持，不仅耗费时间和精力，也没有任何意义。

人生最大的包袱不是拿不起，而是放不下。有些东西放弃了并不等于失去，当你转过头时，你会发现还有一扇通往成功的大门在向你敞开。生活中不乏通过放弃才获得成功的人，如范蠡助越王勾践实现霸业后，果断放弃荣华富贵，下海经商，最终成为一名成功的商人，不然也难逃杀身之祸；鲁迅先生当初弃医从文，终成民族栋梁；李开复早年就读于法学院，转而学习计算机专业，最终在这个领域取得了很高的成就；等等。

曾经有一位少年梦想成为一个伟大的小提琴演奏家。于是他一有空闲就练琴，他练得如痴如醉，几乎到了废寝忘食的地步，但他的琴艺却进步甚微，因为他实在没有音乐天赋。他的父母也只能由着他，尽管他们也发现自己的孩子实在不是拉小提琴的料，但又怕讲出真话会伤害他的自尊心。终于有一天，这个少年觉得这样下去不是办法，于是便去请教一位知名的小提琴老师，求他指点快速进步的方法。当他说了自己的情况之后，那个老师叫他先拉一支曲子听听。少年挑了一曲自认为最熟练的曲子拉了起来。说实话，他拉的曲子岂止破绽百出，简直是不忍卒听。一曲终了，老师问他："你为什么特别喜欢拉小提琴？"他说："我想成功，我想成为一位伟大的小提琴演奏家。"老师又问道："你快乐吗？"他回答说："能拉琴我就非常快乐。"那位老师摸着他的头对他说："孩子，你能感到快乐，说明你已经成功了，又何必非要成为一位伟大的小提琴演奏家不可呢？在我看来，快乐本身就是成功。"那个少年听了琴师的话，恍然大悟，从此他放弃了那个对他而言太不现实的梦想，尽管他此后仍然时常拉小提琴，但他只是为了能自娱自乐。后来，他把兴趣投在了其他领域，并取得了非凡的成就，这个少年的名字叫阿尔伯特·爱因斯坦。

我们经常会碰到这样的情况：在面对人生抉择的时候，再往前也许就会陷入泥潭，而退后一步，则将会是海阔天空。可见，懂得适时放弃，也是一种成熟的表现。放弃之后，才能更加清醒地审视自己，并调整自己的思路，做出更加成熟的定位，更好地超越自己，正所谓"塞翁失马，焉知非福"。

要知道，人生有得就有失，这是一种自然法则。但放弃并非就意味着输掉或者失败。该放弃时，就要勇敢地放弃。放弃不是懦夫的行为，而是一种明智的选择。俗话说"失之东隅，收之桑榆"，有时一个人若是能在适当的时间选择做短暂的“隐退”，不论是自愿的还是被迫的，都是一个很好的转机，因为它能让你留出时间观察和思考，使你在独处的时候找到自己内在真正的世界。成功并不总是青睐那些一条道走到黑的执着者，还偏爱那些懂得适时放弃的聪明人。要想达到自己的目标，我们固然要拿得起，但与此同时，当我们发现此路不通时，就要学会及时、果敢地放下。

总之，我们追求梦想的过程就是一个不断放弃，又不断得到的过程。俗话说“人不能在一棵树上吊死”，我们要具有适时放弃的勇气，因为放弃也是一种智慧，懂得适时放弃才能使我们的人生华丽转身。那些不计后果的坚持，也不一定会有好的结果。

最近的路途需要最远的跋涉

当今社会，大家做什么事都喜欢走捷径，于是便有了宣扬能让减肥立竿见影的速效药，能短期内学习书法、外语、算数等的速成班，能让你一夜暴富的各种博彩……于是，很多投机者便抱着侥幸的心理去试，结果大家可想而知。

我们在追求梦想的道路上，能走捷径固然是好，可这世间并无捷径可言。古语云：“合抱之木，生于毫末；九层之台，起于累土；千里之行，始于足下。”这个世界上的很多所谓的“捷径”，也都是经历无数次的走弯路的经验累积而成的，正如泰戈尔所说：“最近的路途往往需要最远的跋涉。”

张骞经历了无数的磨难，绕了多少弯路，才完成了

出使西域的伟大使命；我们的先辈不知经历了多少次失败，走了多少弯路，才走上社会主义的道路；等等。可见，成功之路永远不会那么顺风顺水，需要坚持不懈的努力与付出，只有在饱受风霜与挫折，甚至绕过许多弯路后才能到达终点。有这样一个故事：

曾经有这样一个人，由于他迷信世间一定有把石头炼成金子的炼金之术，他深信那是尽快成为富翁的捷径。从此之后，他把全部的时间和精力，都用在了炼金之术上了，甚至不惜花费所有的积蓄去做各种实验。就这样，很快他就花光了自已的全部积蓄，家中开始变得一贫如洗，有时连饭都吃不上了。

妻子多次劝说他放弃这个愚蠢的想法，竟被他骂为“妇人之见”。万般无奈之际，妻子带着孩子回到了娘家。她的父亲了解情况之后，想出了一个好办法。

第二天，他的岳父同他的妻儿一起回来了。他见到岳父到来忙上前行礼，这时他的岳父说：“你炼金怎么不去请教我呀？我在年轻的时候也曾苦寻过炼金之术，后来虽然找到了方法，却因为上了年纪，没有那么多的精力和体力去做了。”他听到这里，眼里直放光，迫不及待地向岳父请教方法。他的岳父告诉他：“其实你现在的步骤都对，只是你还缺少一个重要的引子。”他忙问是什么引子。他的岳父不慌不忙地说：“这个引子倒也常见，就是香蕉叶上的绒毛，你只有收集够10公斤的绒毛，才能把石头炼成金子。”他听后露出为难的表情，要知道收集10公斤的绒毛，那得需要多少香蕉叶呀。他的岳父见他为难的样子，便接着说：“我知道这件事不容易，可你想想呀，有了那些绒毛，就能炼出黄灿灿的金子！”他想了想，一咬牙说：“好吧，为了炼金，我就试试。”从此之后，他把已荒废了的田地都种上了香蕉。这还不够，为了尽快凑齐绒毛，他还开垦了大量的荒地。当香蕉长熟后，他便小心地从每张香蕉叶下刮绒毛。而他的妻子和儿子则把他毫不理会的香蕉抬到市场上去买。就这样，近十年的时间过去了，他终于收集了10公斤绒毛。于是他开始急切地重新开炉，并满怀期待地把10公斤绒毛一股脑倒进了炉里。然而一直等到炉火熄灭后，奇迹也没有发生。

正在他绝望之际，他的妻子捧来了一个箱子，对他说：“打开吧，里面是我用你这些年所种的香蕉换成的金子。”看着金灿灿的黄金，他恍然大悟之余，流下了开心的眼泪。

现实生活中，很多人都有同故事中那个人类似的幻想，都想找到一条一夜暴富的捷径。其实捷径就在你的身边，那就是勤于积累，脚踏实地。世上没有人愿意走弯路，但成功者身后留下的永远是一条弯弯曲曲、起伏不平的路。再来看一个故事：

很多人都学过《挑山工》这篇课文，文中说到泰山

上有很多挑山工。这些挑山工肩上挑一根光溜溜的扁担，扁担两头都挂着沉甸甸的货物。按道理说如此负重登山，为了尽快到达目的地，应该走捷径——直线上山才对。可实际上，他们所选择的路线却是“之”字形的曲线，他们往往从台阶的左侧起步，斜行向上，登上七八级，到了台阶右侧，就转过身子，反方向斜行，到了左侧再转回来，每一次转身，扁担换一次肩。如此一来，这种曲折路线的走法，就会使他们所走的路线加长，往往比正常登山的游人多一倍的路。

面对这种舍近求远的路线，那些挑山工解释说：“这样曲折向上登，不仅能使挂在扁担前头的东西不碰在台阶上，还可以省些力气。”如果照一般登山的人那样直上直下，他们的膝盖会承受不住肩上的负重。对于那些挑山工来说，这些弯路是非走不可的，若非如此，便不能到达山顶。

其实，生活对我们很公平，从成功的起点开始，大家都在摸着石头过河，都难免要走很多弯路。当你最终到达成功的终点时，就算你没有因为找到所谓的“捷径”而第一个到达，但是当你回顾自己的成功之路时，你会发现晚一些达到终点的人一样可以扬眉吐气。

金庸小说中所描写的天下第一的人物，要么就是不在人世，要么就是难觅踪迹的“神仙”，于是剩下的武林豪强，便开始为了这天下第二的宝座争得死去活来。因为他们知道，凭借着自己的努力，艰难曲折所赢得的“天下第二”的名头更为响亮。

总之，有些时候我们就算走了弯路，也做出了争取第一的努力，就算最终的结果只是“天下第二”，那我们同样值得庆幸自己无悔的努力。

第七章
要想不被抛弃，就要不停努力

很多人感慨社会发展太快了，自己几乎跟不上时代的节奏了。其实，根本原是他们没有通过不断地学习和努力去适应社会。社会总在变，如果你不变，那你终将被社会淘汰。

安于现状无异于慢性自杀

人在惰性的驱使下，很容易安于现状。所谓安于现状，就是习惯于目前的情况，不再思进思变。若我们不去珍惜自己有限的时间，而是自甘平庸，把时间浪费在安于现状上，那就等于慢性自杀。对于我们每个人来说，死亡都是一种必然，这不会因为我们的出身、贫富、社会地位的高低等改变。

我们的人生应当不断制定新的目标，不断向新的高度攀登。我们不能满足于现状，更不能太追求安稳的生活。古人有云："志当存高远。"其实每个人出生，上天都赋予他特定的使命和人生价值，我们应该努力拼搏，去实现我们应有的价值，而不应该为了安逸的生活放弃了奋斗，忘记了曾经的梦想。满足于现状，就是浪费生

命，也背叛了自己的梦想。有这样一个故事：

在美国西部的一个庄园里闲着大量的森林资源，为了利用起这片土地，那里有位农场主打算养殖梅花鹿。于是几百只梅花鹿就被运到了这片森林里。那个农场主相信，不出几年这几百只梅花鹿就能繁殖出更大的群体。对于梅花鹿来说，这里的环境非常适合它们的生存和繁殖，可谓是“天堂”，这里不仅环境幽静，水草丰美，而且还没有它们的天敌——狼。

几年以后，这几百只鹿不但没有发展成那个农场主所设想中的庞大鹿群，反而比最初的规模还要小，而且剩下的鹿还在不停地生病和死去，相信要不了多久这个鹿群就会走向灭绝的边缘。

这一情况大大违背了农场主的初衷，他百思不得其解，于是请教了相关的专家。在他讲述了农场的基本情况之后，专家建议他放几只狼在森林里。这一建议很难被农场主接受，因为在他看来这无异于加速鹿群的灭亡。然而眼看鹿群的数量在一天天减少，他始终是束手无策。无奈之下，他决定尝试专家的建议，心想权当“死马当活马医”吧。于是几只狼被带到了这片森林。狼的到来，使得这里的鹿群不得不四处逃命。虽然一开始，鹿群的数量在巨减，但是一段时间之后，农场主发现剩下的梅花鹿似乎都恢复了以往的生机，疾病也慢慢远离了这个群体。几年之后，这里梅花鹿的数量迅速地增长为一个庞大的种群，而且个个身体健硕。

这个故事真实地揭示了“物竞天择，适者生存”的自然进化法则。其实不管是动物也好，人类也罢，都需要通过不断的进化和进取，才能获得更好的生存机会；反之，安于现状，不思进取，就有可能面临灭亡和出局的危险。还有这样一个故事：

很多成名的画家，在开创了一种适合自己的绘画风格后，就会一直追求到底，更不会再改变自己的画风了，也正是因为他们所有作品都具有这个“独到之处”，所以才成为人们赞赏的焦点。

但是有一位伟大的画家，他一辈子都在追求不同的画风，所以他的每一幅画都有自己独具一格的特点，他就是毕加索。他曾说过，他是一位终生也没有找到自己的特殊艺术风格的画家，他总是千方百计地用最完美的手法来表现他那不平静的心灵世界，因为他不想活在已知的世界里。据说九十岁高龄的毕加索，在面对这个世界上的所有事物时，他都好像还是第一次看到一样，而他自己也总像年轻人一样生活着。他的每一幅新画，都试图寻找新的思路，并用新的表现手法来表达他的艺术感受。

从毕加索的身上，我们可以学到他那不安于现状、朝气蓬勃、永不满足的精神，只有具有这种精神的人，才能获得事业上的成功和精神上的富有。

现在的很多年轻人都有追求安稳、安于现状的心理，满足于现在拥有的一切，更有甚者直接啃老。他们每天下班后回到家里上上网、聊聊天，周末逛逛公园、商场，每个月拿着固定的工资，表面上过得轻松自在，悠然自得，但从长远角度看，这是一种最危险的事，因为这样貌似安稳的生活不可能让你过一辈子，你也总会有老去的一天。所以，我们应该尽可能地提升自己，虽然这样会很累，但此时的付出也决定了未来的收获。

在现实生活中，还有一些十分聪明、极具天赋的人，但他们的人生也只是平平淡淡。究其原因，就是这些人在达到了一定高度之后，就开始满足于现状。尽管他们每天忙忙碌碌，但却只为了那些足够温饱的薪水，以及吃饱喝足之后的惬意。如此，他们的一生也将注定平庸，不会有所作为。有这样一个故事：

老王曾是一家知名企业的副总。但在坐上这个副总的位置之前，可谓异常艰辛。记得他刚来公司时，每天都在非常努力地工作，并且不断地学习和提升自己。三年之后他才得到部门领导的赏识，被提拔为部门副主任；又过了两年，他被升为部门领导；由于他所在部门的业绩突出，五年之后他被破格提拔为公司副总。

坐上公司副总的位置之后，他也顺理成章地拿着近百万的年薪，开着公司配备的专车，住着公司提供的公寓，每天出入高级酒店用餐，从此摆脱了以前的穷苦日子。到此为止，他开始觉得人生的追求也不过如此了，于是他开始安于享乐，再也不去进取了。慢慢地，他的工作热情开始一落千丈，时间一久，他的工作业绩也开始直线下滑。

这期间，公司主要领导曾多次找他谈话，并要求他重新振作精神，扭转危局。但是由于自己安于享乐惯了，始终找不到过去的感觉。就这样，刚成为副总短短几年时间的他就被下放到了无关紧要的部门，而后又被开除了。

这个故事告诉我们：只有不满足于自己的现状，才会产生前进的动力，并千方百计去改变自己，通过不断地努力进取，就会从弱者变成强者，从失败走向成功；相反，安于现状会让你忽视危机的存在，让你失去追求卓越的动力，让你看不到更高的目标，停止前进的脚步，从而离成功越来越远。

总之，在这个竞争激烈的时代，安于现状的人往往最先被淘汰。但即便你是一个没有突出才华、也没有过人智慧的普通人，只要你坚持努力奋进，把每一件事都争取做到最好，你依然可以取得成功。所以，永远不要安于现状，要勇于去追求我们的梦想。古语云："天行健，君子以自强不息。"可见，成功永远属于那些敢于拼搏的人。

永远怀揣一颗不甘平庸的雄心

从我们的内心深处来说，每个人都渴望实现自己的理想，但是很多人在遭遇挫折的时候，就开始压抑自己的最初想法，并选择画地为牢、蝇营狗苟的平庸生活；还有很多人，认为自己再怎么努力也不过就是目前这样了，觉得自己不会再有更大的成就了，于是满足于现状，选择平庸度日。事实上，当你发自内心自甘平庸的时候，你也就迷失了生活的方向。有这样一个故事：

有一个人，正在用餐时发现一只很大的蚂蚁爬上了他的蛋糕。他很生气，连吃饭的兴致也没有了，于是他质问那只蚂蚁为什么要破坏他的心情。那只蚂蚁从那块蛋糕上爬下来，然后理直气壮地说："谁让你的蛋糕这么香来着，我也是被它的香味吸引来的，况且我只吃了那么一小口，剩下的还给你。"

那个人听了这话火气更大了，冲着蚂蚁喊道："你是一只蚂蚁，哪里配吃我的食物啊！你应该去捡我丢掉的垃圾吃。”蚂蚁也不甘示弱：“我虽然是只蚂蚁，但我也不想被人看不起，不想过平庸的生活，我立志要尝遍世间所有的美食。”那个人听完蚂蚁的一番话，回想起了自己平庸的一生，觉得自己还不如这只蚂蚁有理想。于是他心软了，甚至对那只蚂蚁产生了敬意，但同时他也担心地说：“可是万一你哪天遇到了坏人，杀了你怎么办？”蚂蚁坦然地说：“那我也不后悔，毕竟我做过了，就算为此搭上性命也心甘情愿。”

当蚂蚁要离开时，那个人打算把整块蛋糕送给它，但是蚂蚁却说它已经尝过蛋糕的滋味，现在只想再去尝点儿别的美食。

一个自甘平庸的人，他的心灵总是无所归依，而他的肉体则无异于行尸走肉。面对生活，他们只会不停地去追悔过去，并对未来充满了各种幻想，然而在实际生活中却是得过且过。古往今来，那些失败的人往往都是那些拘泥于自身心理高度的人。这些人之所以做着卑微的工作，过着平庸的生活，一辈子浑浑噩噩地生活，究其原因都是因为他们对自己的要求与期望值不够高。有这样一个故事：

有两只小青蛙，它们从出生那天起就生活在井底，

对于它们来说，那个水井就是一个辽阔的世界，它们可以围绕着水井游泳，尽情地在水里嬉戏，生活得无忧无虑。

有一天，一只小鸟告诉它外面的世界远比这个水井大得多。听了小鸟的讲述，其中一只小青蛙对它的说法不屑一顾，另外一只小青蛙，开始对外面的世界有所向往，它真想亲眼去看一看外面的世界，于是它恳求小鸟想办法把它从水井里弄出来。

第二天，那只小鸟叼着一根绳子来到了井边。井里的那只青蛙不顾另一只的劝说，毅然选择离开这里，它要去看外面的世界。在小鸟的帮助下，那只青蛙咬住绳子的一端，来到了水井外面。那只青蛙发现外面的世界真的很大，就这样小鸟带着它，飞过河流和湖泊，最终来到了浩瀚的大海。这只小青蛙，开始庆幸自己没有甘于平庸的生活，因为曾被它视为生活全部的水井，在大海面前简直不值一提。

在现实生活中，很多人都跟留在井里的那只小青蛙一样自甘平庸。一个人要变得平庸，那是再简单不过了，只要他不读书、不冒险、不外出、不折腾……他很快就会沦落为庸人，但是在不久的将来，他也一定会为自己的“我本可以”而感到后悔莫及。

罗斯福曾说过：“杰出的人不是那些天赋很高的人，而是那些把自己的才能尽可能地发挥到最大限度的人。”如果一个人敢于向自己以往的表现和能力水平挑战，当遇到困难时，便会尝试运用新的方法来解决它。经过不断学习，他的能力就会有所提高。来看下面这个故事：

保罗·纽曼的父亲是一个小杂货店的老板，他的母亲则是个非常喜欢音乐、艺术的女人。小纽曼在母亲的熏陶下，也渐渐喜欢上了音乐和艺术。但在读完大学之后，纽曼却不得不遵从父亲的愿望，开始接手杂货店。也许在很多人眼里，作为一个杂货店的老板，尽管金钱上的收入不是很多，但也足以过上无忧无虑、吃穿不愁的平稳日子，也不失为一件美事。但是，纽曼却并不满足于做一个杂货店的老板，他有着更大的追求。

受母亲的影响，纽曼在追求艺术之心的驱使下，开始疯狂地喜欢上了电影，并想成为一个电影明星。于是他毅然放弃了杂货店，全身心地投入到了演艺事业中。初入电影行业，纽曼不得不承受来自各方面的压力，但他始终没有放弃。终于有一次，他的努力为他带来了回报。当时他出演一部小成本电影的男主角，但由于成功的表演，使他获得了当年奥斯卡奖的提名。虽然，他这次与奥斯卡影帝的奖项擦肩而过，但此后，他的演艺事业却越来越顺。几年之后，他终于如愿以偿地登上了奥斯卡影帝的宝座。

尽管演艺事业顺风顺水，并为纽曼带来了巨额财富，可他并没有因此而满足。后来他瞅准了商机，和几

个朋友一起合开了一家食品公司。公司成立后，也和他的演艺事业一样顺，没过几年，该公司的年营业额就达到了上亿美元，而纽曼也成了当之无愧的“食品大王”。

从一个名不见经传的杂货店的小老板，摇身一变成为好莱坞炙手可热的男演员，再从一个奥斯卡的影帝，成为一个商业大亨，可以说，纽曼的一生是一个不断超越的一生。他实现了很多人想都不敢想的事情，使自己的人生充满了传奇和美丽。

人生是一个不断选择和奋斗的过程，生命的价值，在于不断地超越自己。正如哈佛大学著名教授威廉·詹姆斯曾说：“生活中的成功并非取决于我们与别人相比做得如何，而是取决于我们所做的与我们所能做到的相比如何。一个成功的人总是与他们自己竞赛，不断创造新的自我纪录，不断改善与提高。”

我们要永远拥有一颗不甘平庸的雄心，不能只满足于小溪的平缓，否则也就满足了自己的平庸，只有欣赏到山峰的险峻，才有机会欣赏自己。

生命不息，奋斗永不停止

我们的人生很难一帆风顺，难免要经历各种挫折和打击，于是我们就需要通过不停地战斗去征服它们，有时这种奋斗还会伴随我们的一生。人生没有等出来的辉煌，而很多人辉煌的背后，都掩藏着许多鲜为人知不懈奋斗的故事。

古今中外，为了实现梦想，用一生去奋斗的人比比皆是：屈原屡遭排挤，并被流放，也没有消减他的爱国之志；诸葛亮为了匡扶汉室，鞠躬尽瘁，死而后已；“中国打工女皇”吴士宏，从倒茶小妹到名企总裁，靠的就是她不停奋斗的精神；保尔·柯察金受伤退伍，就算面对双目失明、身体瘫痪的折磨，也要拿起笔继续自己的革命之路……愚公移山的故事相信大家都听过：

相传，在很久以前有一个叫愚公的老人，他每次要出门的时候，都苦于大山的阻塞，不得不绕行很远的路。终于有一天，他决定铲平眼前的这两座大山，以便以后出行的时候少走很多路。他的建议得到家人的一致赞同，于是他们开始了轰轰烈烈的移山运动。有个寡妇和一个孤儿听说了，也来帮愚公的忙。他们把从山上铲下来的土石运到了很远的海边。就这样寒来暑往，大家始终不停地劳作。

河曲的智叟知道后，嘲笑愚公说："你也太不聪明了！你都一把年纪了，就凭人生的最后这几年和你那点微不足道的力气，还想搬掉这两座大山，你也太不自量力了！"愚公听了并没有生气，反而信心满满地说："你真是死脑筋，连个寡妇和孤儿都不如。要知道等我死了，还有我儿子在呀；儿子又生孙子，孙子又生儿子……子子孙孙永无穷尽，可是这两座山却不会再增高加大，终有一天会被彻底铲平。"河曲的智叟无言以应了。后来，镇守这两座山的山神也开始害怕了，就把这件事禀报了天帝。天帝被愚公的诚心感动了，就命令大力神趁夜深人静的时候，把那两座大山搬往了别处。从此，愚公一家人出行再也不用绕远了。

愚公移山的故事告诉我们：只要我们为了自己的梦想去奋斗，哪怕付出一辈子的努力，也在所不惜。人生只有保持昂扬的斗志，保持奋斗的姿势，才能不断前行，铸就更大的成功；反之，没有了斗志，没有了奋斗的目标，开始懒懒散散，贪图享受，那你的人生将注定失败。

成功就像一座连绵不绝的山脉，你攀登上了其中一座山峰并不代表可以就此止步，前面还有更高的山峰在等着你。只有那些为了目标全力拼搏的人，才有可能到达成功的巅峰，才有可能始终走在别人的前面。我们再来看一个故事：

袁隆平经历过新中国成立之初的饥荒，那个苦难的回忆让他立志，不能让国人再受饥荒之苦。为此，他决定用农业科学技术提高粮食产量。后来，他经过长期的仔细观察和研究发现，水稻可以通过杂交的方式来培育出更加优良的品种，这也成了他最大的梦想。然而，在当时那种情况下，杂交水稻是个世界难题，很多国内外的学者对培育杂交水稻的前景都不看好。袁隆平没有因此退缩，他反而坚持每天头顶烈日，脚踩烂泥，驼背弯腰地在茫茫稻田之间穿梭。经过一段时间的努力，他终于找到了“雄性不育”的特殊水稻植株，不过这只是他实现梦想的一小步。又经过无数次的试验攻关和对科学数据的分析整理后，他的杂交水稻种子终于培育成功，并很快在全国范围内得到推广。面对不足，袁隆平又提出了很多不断改良的设想，并通过实践逐一攻克，杂交水稻技术也日渐成熟。

后来，杂交水稻引起了世界范围的关注，并被很多国家引进。国际水稻研究所所长、印度前农业部长斯瓦米纳森博士高度评价说：“我们把袁隆平先生称为‘杂交水稻之父’，因为他的成就不仅是中国的骄傲，也是世界的骄傲，他的成就给人类带来了福音。”袁隆平教授把他的一生都献给了杂交水稻事业，也在用他的一生向我们诠释着“生命不息，奋斗不止”的精神。

虽说要想令自己的人生闪烁出耀眼的光芒，就应该奋斗不息，但是奋斗的结果却并不一定是成功。而不管成功与否，只要我们的奋斗没有停止，那我们的人生就会更加充实。从某种意义上说，奋斗精神才是我们人生道路的主旋律。

一个人只有在追求他的理想，并一生为之奋斗的过程中，才能不断积累经验，才能抓住稍纵即逝的机遇，并以之为阶梯跃向成功的顶峰。所以，在通往理想的道路上，我们要从点滴中学会道理，一路勇往直前，那朵理想之花才会在我们不懈奋斗的辛勤汗水的浇灌下茁壮成长。

总之，人生没有停靠站，现实永远是一个出发点，需要不停地奋斗，来证明生命的意义。面对当今社会激烈的竞争，我们只有保持强有力的生命力，勇往直前地去奋斗，才能取得更大的成功。

自我救赎，求人不如求己

从前有一个人，在回家的路上突然下起了大雨，情急之下他只得躲在别人的屋檐下。偶然间，他看见观音菩萨撑着伞从他面前走过。这人马上喊道："尊敬的观音菩萨，您一向以普度众生、乐善好施为己任，可否让我不必淋雨？"观音菩萨说："我在雨里，你在檐下，而檐下无雨，你不需要我帮忙。"这人听罢立刻跳出檐下，站在雨中说："我急着回家，现在我也在雨中了，您该帮我了吧？"观音说："我不被淋，因为我有伞，你被雨淋，因为你无伞。所以若想不再被雨淋，就自己去找把雨伞。"说完便不见了。这人只得重新回到屋檐下，后来向这个人家的主人借了把伞，才顺利到家。过了几天，这人又遇到了一件难事，于是他便去附近的寺庙里

祈祷。走进庙里，他惊奇地发现：观音菩萨正跪在自己的雕像前面祈祷。这人便好奇地问：“观音菩萨，您为什么要拜自己呢？”观音菩萨笑道：“我也遇到了难事，但求人不如求己呀。”这人恍然大悟。

古语云：“君子求诸己，小人求诸人。”靠山山会倒，靠水水会流，命运只能由自己去把握，而不能草率托付于他人。

历史上的那些傀儡皇帝几乎都落的个悲惨的结局；腐败的清政府，遭遇帝国列强的瓜分……造成这些结果的根源都是无法独立自主。因此，只有独立自主，自我救赎，才能创造出属于自己的那一条路。贝多芬在一次成功的音乐会结束时，曾和一位记者说过这样一句话：“我凭借自己的努力拯救了自己，在没有人伸出援手时，我依然毫无惧色地站在维也纳的音乐大厅里，像平常一样，用我手中的指挥棒引领着人们进入一个纯洁美好的世界。”也正如蒙田所说：“我不很在乎我在别人心目中是如何，而是更重视我在自己心目中如何。我要靠自己而富足，不是靠求借于人。”

在现实生活中，当我们遇到困境的时候，总是希望能够得到别人的帮助。其实这也是情理当中之事，因为这样我们就会很快解决眼前的问题。但是如果我们每次遇到难事都期望别人的帮助，并因此成为一种习惯，过分地依赖别人，那就得不偿失了。因为在我们的一生中，我们难免会遇到各种各样的困境，而一旦失去别人的帮助，很有可能就会身陷困境，无法自拔。

当你面对困境的时候，只要你能够有独自克服困境的决心，并辅之以正确的方式方法，你就会发现你足以克服眼前的困难，尽管这个过程可能充满艰辛和变数。我们只有摆脱了对他人的依赖，才能真正成熟起来。

可见，我们自己的人生道路，注定要靠我们自己一步步走过去。俗话说："靠别人的火取不了暖，看人家吃饭填不饱自己的肚子。"我们若只寄希望于别人的帮助，而自己不去奋斗和努力，终将会一事无成。成功之花的种子，就在你手里，开什么花，结什么果，完全取决你自己。没有谁能做你永远的救星，即使是我们最亲近的父母。有这样一个故事：

有一只小蜗牛问蜗牛妈妈："为什么我们生来就要背负这个又硬又重的壳呢？"蜗牛妈妈说："因为我们爬得很慢，加上我们的身体太柔软，所以需要这个硬壳的保护。"小蜗牛又问："可是毛毛虫也爬不快，身上也很柔软，为什么它们就不用背着这个又硬又重的壳呢？"蜗牛妈妈告诉他说："因为毛毛虫总有一天会变成蝴蝶飞起来，那时天空就会保护它们。"小蜗牛又问："可是蚯蚓也爬不快，又不会变成蝴蝶，为什么它们也不背着这个又硬又重的壳呢？"蜗牛妈妈耐心地说："因为蚯蚓会钻土，大地会保护它们啊！"小蜗牛哭了起来："我们好可怜，天空不保护，大地也不保护。”蜗牛妈妈安慰他说：“所以我们要靠我们自己呀，别忘了我们有坚硬的外壳啊！”小蜗牛转悲为喜。

英国经济学家亚当说过：“掌握自己才能掌握一切，战胜自己才是最完美的胜利。”总之，求人不如求己，过分依赖别人，一味地把希望寄托在别人身上，而不积极地创造条件改变自己的命运，最终失败的只能是自己。

生命中的潜能，远超乎自己的想象

我们每个人的体内都有巨大的潜能，这些尚未被激发出的潜能远远超过我们的想象。正如柏拉图所说："人类具有天生的智慧，人类可以掌握的知识是无限的。"被尊为"控制论之父"的维纳也认为：每一个人，即使是做出了辉煌成就的人，在他一生中所利用大脑的潜能也还不到百亿分之一。可见，我们每个人都有足够的能力去取得自己想要的梦想，只要我们善于激发这些潜能，我们每个人都会取得成功。世界华人潜能激励大师陈安之也说过："能力对每个人来说绝不是问题，因为我们每个人的体内都有无限的潜能。"

潜能的激发有两种情况：一种是通过外因的激发带来能量的释放；另一种是通过自我激励来开发潜能，不

过这需要极强的意志力。当潜能在外界刺激的情况下被激活时，就会出于一种本能反应而爆发出强大的力量。研究人类潜能的科学家通过无数次的研究表明，当一个人受到激励时，他的潜能可以发挥到百分之八十。有这样一个故事：

曾有一名年轻的军人，在一次执行任务的过程中，不幸被流弹击中了背部。尽管他最终捡回了一条命，但是由于神经系统受损，接下来的日子他只能在轮椅上度过了，因此，他开始变得消沉，每日借酒消愁。

一晃十几年的光景过去了。有一天，他坐着轮椅醉醺醺地从酒馆里出来，在回家路上的一个偏僻的街角处，碰到了三个强盗，他们拿着刀子威胁他交出钱包。无奈之下，他也只得照做。本想破财免灾，此事到此为止了，谁知那三个无赖竟浇了他一身汽油，准备放火烧死他。他拼命呼救，却无济于事。就在其中一个强盗掏出打火机准备点火之际，他在情急之下居然一下子站了起来，然后奇迹般地拔腿就跑。三个强盗也被眼前的一幕惊呆了，傻傻地站在那里，眼睁睁地看着他跑出了一条街。

从此之后，那个人可谓因祸得福，又可以与常人无异地重新站起来走路了。后来，每当向别人讲述自己的传奇时，他都说要感谢那三个强盗。

一个残疾了十几年的人，在情急状态下能从轮椅上站起来。可见，人的潜能总是超乎我们的想象。然而在现实生活中，我们不可能碰到那些让自己的潜能一下子就激发出来的事情。我们要想激发自己的潜能，就要靠自己坚强的意志自我激励，但退一步讲，就算我们每天只进步那么一点点，如此坚持下去，我们的潜能也会逐渐被激发出来。你到底能进步到什么程度，恐怕只有上帝最清楚。有这样一个故事：

有一个贵族子弟，他非常喜欢弹钢琴。为此，他的父亲给他请了一个极有名气的钢琴大师来指导他。这天，他满怀希望地第一次来到了那个老师的家里，为了接受老师的考核，他做了很充足的准备。谁知老师并没有让他弹奏自己最拿手的曲子，而是递给他一个非常难弹的琴谱，并让他试着弹一遍听听。结果他弹得生涩僵滞，而且错误百出。好在老师没有生气，只是告诉他这一周的任务就是把这个琴谱弹熟练，一周后再来。他于是照做了。

就这样，一周的时间过去了。他第二次来到了老师家里。没想到的是，那位老师并没有叫他去弹奏他刻苦练习了一周的曲子，而是又给他一个更难的曲谱叫他弹奏。结果可想而知，他弹得依然一塌糊涂。不过老师还是没有生气，又告诉他这一周的任务就是把这个新的琴谱弹熟练，一周后再来。尽管他有些不解，不过他还是照做了。

又是一周的时间过去了。他第三次来到了老师家里。他知道不出意外的话，那位老师又会给他一个新的曲子，也正如他猜测的一样，但出于尊重，他又照做了。

在他第四次来那位老师家里之前，他想好了：如果还是像前几次一样，那么这位所谓的很有名气的钢琴师肯定是徒有虚名，他就一定要问出个缘由。来到那位老师的家里，当那位老师正准备拿出一张曲谱时，他再也忍受不了了，于是愤愤地说："老师，您这次别想轻易地打发我，除非给我一个适当的理由。"他的生气好像在那位老师的意料之中，那位老师笑着说："孩子，谢谢你的尊重，你是我所教过的学生中第一个能忍受了这么久的人。不过我还是想请你再弹奏一下这个曲子。"他接过曲子一看，原来是他第一次练习的曲子，于是便熟练地弹了起来。一曲终了，他自己都不敢相信他居然能弹得这么好。这时那位老师笑道："如果我一开始便任由你弹奏自己最擅长的曲子，那你就不会有现在这样的水平了。"

在现实生活中，我们大多数人都热衷于表现自己所熟悉、所擅长的技能，以为自己当前的生活就是最理想的状态了，而自己的能力也达到了极限，觉得已经到达了人生的巅峰，从而觉得自己不可能拥有更广阔的天地，再有更大的成就了。事实上，当你再次调整高度，你会发现自己依然还有进步的潜能。人的潜能无限，人生也没有绝对的顶点，只要你想，你就会取得更大的成就。

事实上，如果你不去尝试突破，永远只停留在眼前，那你就不会做取得更大的进步，也永远不会知道自己有多强大；相反地，如果你每天只进步一点点，长此以往也会有可观的收获，更不必担心自己不会成功。

总之，我们每个人的潜能都如同一座待开发的金矿，蕴藏着无穷的价值。只要我们通过努力，充分发挥所长，就算我们只是一个普通人，也可以成就一番惊天动地的伟业，甚至可以成为一个新的爱因斯坦、爱迪生。所以，无论我们面对多大的困难，只要我们相信自己，相信自己的潜能，我们的潜能就能够带领我们翻越一座又一座高山，也能让我们拥有更广阔的视野。

不断超越自己，才能谱写辉煌

有这样一个故事：

从前，有一个生于乱世的孩子，他从小的理想就是有朝一日能成为天下第一能臣，于是他从小便跟着名师隐居学艺。就这样寒来暑往，一晃近二十年的光景过去了，他终于学有所成了。

这天，师父对他说："为师已经没有什么可以传授给你了，以你当前所学，足以封侯拜相了，你再回答我一个问题就可以下山了。"听到师父的话，他几乎抑制不住内心的喜悦。师父问他："你下山后最想做什么？"他几乎不假思索地答道："辅佐明君成就一番伟业，功成名就坐拥富贵……"听到这里，师父一边叹息，一边摇头。他知道自己的回答没有令师父满意，就打住不往下说了。师父沉默了一会说道："你枉费了为师的一番苦心，你还没有下山的资格，一年以后再说吧。"

过了一年，师父又问了他同样的问题。这次他给出了一个不同的答案，他说道："永远把现在当成一个新的起点，不断去学习和努力，以拯救更多的苍生为己任。"听到这个答案，师父欣然同意他下山了。

这个故事告诉我们：我们只有把每天都作为一个新的起点，不断超越自己，才能获得更大的成就。纵观整个历史，人类是通过不断地超越自己，才得以从愚昧无知的远古走到文明昌盛的今天。尼采说过："生命企图树起自己的云梯，它渴求眺望到遥远的地方，渴望着最醉心的美丽，因为它要求向上！"历史上的很多名人，都是通过不断的努力和拼搏，不断超越自己，甚至不惜冒着生命之险，才谱写了人生的辉煌篇章。如哥白尼的日心说、麦哲伦的环球航行，马克思的革命理论等。有这样一个故事：

布勃卡是闻名世界的奥运会撑竿跳冠军，享有"撑竿跳沙皇"的美誉，还被当时的国家总统亲自授予过国家勋章。他曾三十五次创造撑竿跳的世界纪录。并且他所保持的两项世界纪录，迄今为止，还无人能够打破。有人曾问过："布勃卡，你的成功秘诀是什么？"当时布勃卡微笑着回答说："很简单，就是在每一次起跳前，我都会将自己的心'摔'过去。"

但是在布勃卡成名之前，他也曾害怕过失败，不敢挑战新的高度，甚至还怀疑过自己的能力。有一次训练的时候，他就对自己的教练说："教练，这个高度我实在是跳不过去了！"当时教练问他："你此时的心里在想什么？"他如实回答说："我只要一踏上起跳线，看到那根高悬的标杆，我心里就害怕。"突然教练严厉地喊道："布勃卡！你现在要做的就是闭上眼睛，先把自己的心从标杆上'摔'过去！"他遵照教练的说法先闭上眼睛，想象着让自己的心真的跨越了标杆。然后他睁开眼睛，鼓足了勇气，冲了过去，这次他成功跨过了这个高度。有了这次经历之后，他在日后的比赛中，不断地超越自己，也不断地刷新着新的世界纪录。

超越自我，意味着通过不断的追求和奋斗，走前人没有走过的路，在你所从事的工作中寻找新的起点。一个明智的人，永远都会把每天都当成一个新的开始。

古诗云："少壮不努力，老大徒伤悲。"说的是一些人在年轻的时候不努力奋斗，将来必定追悔莫及，晚景凄凉。这其中不乏很多自恃成就非凡或有着一份让人羡慕的工作或有着殷实的家境的人。殊不知，无论是谁，只要你故步自封、安于现状，贪图眼前这些昙花一现的安逸时，那么你的将来必定非你所愿。如当年闯王进京，自以为天下已定，马上开始贪图享乐，然好景不长，不久便一败涂地；伟大的科学家牛顿，早年发现万有引力定律，可谓成绩斐然，然而到了晚年趋于保守，贪图安逸，以致落入陈旧的束缚之中，毫无建树；等等。这些在安逸中没落的深刻教训，时刻在警示着我们。

古语云："生于忧患，死于安乐。"生活从不眷顾因循守旧、满足现状者，生活也从不等待不思进取、坐享其成者，而是将更多机遇留给善于和勇于创新的人们。当然，这里所说的不断进取和超越，并不是要你天天去过苦日子，而是要提醒年轻的你，必须要有居安思危的意识，否则将来可就追悔莫及了。有这样一个故事：

从前有一个人在高山之巅的鹰巢里，抓到了一只小鹰。可他回到家之后，却把小鹰养在鸡笼里。就这样，这只小鹰和鸡一起啄食、嬉闹和休息，日子过得异常安逸。时间日复一日地过去了，这只小鹰渐渐长大了，尽管和别的同伴长得有些不同，但它还是以为自己就是一只鸡。

在这只小鹰的羽翼完全丰满之后，那个人把它从鸡笼里抓了出来，打算把它训练成猎鹰。可是由于它终日和鸡混在一起，根本没有飞的愿望了。那个人为了能让它飞起来试了各种办法，都毫无结果。就算把它高高抛起，他也会重重摔在地上。

最后那个人把小鹰带到它出生的山顶，他以为小鹰见到了同伴和熟悉的环境就会恢复它的本能。谁知小鹰依然无动于衷，甚至害怕得瑟瑟发抖。无奈之下，这个人采用了极端手段，把那只小鹰从高山上抛了下去，谁知那只小鹰还是哀鸣着，像一块石头似的掉进了谷底。

很多人都知道“青蛙效应”：先将青蛙置于常温水中，而后一点一点把水加热，青蛙就会在浑然不觉中，舒舒服服地被烫死。可见，若我们在安逸的环境中待久了，就会像故事中的那只鹰和青蛙一样，在浑然不知中，丧失本性，自取灭亡。所以，人生在世，不能只贪图安逸享受，那些慵懒自私的人，永远也享受不到人生的真正乐趣。

不经历风雨，怎能见彩虹？只有付出，才能有收获，没有人能随随便便成功。任何人的成功都不是上天注定的，只有靠自己的勤奋努力才能获得。要想成就一番事业，就不要沉迷于现状，安于现状，不思进取；应该居安思危，比别人付出更多的心血与汗水。如果我们总是觉得自己的“出身”较好，天分比其他人高，运气比别人好，一味地以“优等”自居，甚至躺在现有的成绩之上，凡事总要找一个可以安逸的理由，而不愿意付出汗水，那么，在“物竞天择、优胜劣汰、适者生存”这一法则之下，等待我们的最终就是被他人超越，被时代所抛弃。

总之，我们要让人生像一条奔腾不息的河流一样，永远不会在某个地方长久地徘徊，一有机会便会奔流向前。我们年轻时多吃些苦，通过不懈的努力和奋斗去不断地超越自己，才能让我们有一个理想中的将来，而且这也是在真正意义上演绎着人生的真谛。